工业和信息产业职业教育教学指导委员会"十二五"规划教材

新编高等职业教育电子信息、机电类规划教材·模具设计与制造专业

UGNX 5 三维造型

（第2版）

李开林　主　编

丁　炜

余年生　副主编

邝　芸

钟燕锋　主　审

电子工業出版社

Publishing House of Electronics Industry

北京·BEIJING

内 容 简 介

本书的内容主要为 UGNX 的三维造型部分，涵盖一般工程设计常用功能。全书按照模块功能来划分，共分为 7 章，包括 UGNX 5 基础、曲线功能、草图、实体建模、曲面、工程制图和装配功能。本书通俗易懂，图例丰富，大部分篇章配有课堂练习和课后作业。读者通过这些课堂练习与课后作业，可以更进一步掌握产品建模设计过程。

本书可以作为高职高专的产品设计、模具设计与制造、数控加工等专业的计算机辅助设计课程教材，而且也适于作为社会上各种 CAD 短训班以及相关专业技术人员自学 UGNX 的参考书。

未经许可，不得以任何方式复制或抄袭本书之部分或全部内容。
版权所有，侵权必究。

图书在版编目（CIP）数据

UGNX 5 三维造型/李开林主编 . —2 版 . —北京：电子工业出版社，2012.2
新编高等职业教育电子信息、机电类规划教材. 模具设计与制造专业

ISBN 978 – 7 – 121 – 14979 – 5

Ⅰ. ① U… Ⅱ. ① 李… Ⅲ. ① 计算机辅助设计 – 应用软件，UGNX 5 – 高等职业教育 – 教材
Ⅳ. ① TP391.72

中国版本图书馆 CIP 数据核字（2011）第 225637 号

策　　划：陈晓明
责任编辑：赵云峰　　特约编辑：张晓雪
印　　刷：北京丰源印刷厂
装　　订：三河市鹏成印业有限公司
出版发行：电子工业出版社
　　　　　北京市海淀区万寿路 173 信箱　邮编 100036
开　　本：787×1 092　1/16　印张：18.25　字数：467 千字
印　　次：2012 年 2 月第 1 次印刷
印　　数：3 000 册　定价：32.00 元

凡所购买电子工业出版社的图书，如有缺损问题，请向购买书店调换。若书店售缺，请与本社发行部联系，联系及邮购电话：(010) 88254888。
质量投诉请发邮件至 zlts@ phei. com. cn，盗版侵权举报请发邮件至 dbqq@ phei. com. cn。
服务热线：(010) 88258888。

前　言

　　UGNX 是当今世界上最先进和高度集成的 CAD/CAM/CAE 高端软件之一，是美国 UGS 公司的主导产品。它的功能覆盖了从概念设计到产品生产的全过程，并广泛应用于机械、汽车、航空航天、家电、电子以及化工各个行业的产品设计和制造等领域。

　　UGNX 在工业设计中，具备自由形状建模和分析表面连续性、颜色、材料、结构、照明及工作室效果等功能，并通过开发环境将设计与其他领域知识完全集成在一起。其仿真工具包括：供设计人员使用的运动和结构分析向导、供仿真专家使用的前/后处理器以及用于多物理场 CAE 的企业解决方案。在工装和夹具设计方面，有用于注塑模具开发的知识驱动型注塑模设计向导、级进冲压模设计和模具工程向导等。在数控编程解决方案方面有集成的刀具路径切削和机床运动仿真、后处理程序、车间工艺文档以及制造资源管理等。

　　本书的前一版本为《UGNX 4 三维造型》，这次根据发展需要，对原有版本进行了修订，且把软件升级到 UGNX 5。

　　本书保留原 NX4 版本特点，通俗易懂，图文并茂，大部分章节配有课堂案例和课后练习，便于读者进一步掌握 UGNX 软件的使用。

　　本书内容为 UGNX 5 的三维造型部分，涵盖一般工程设计常用功能。全书按照模块功能来划分，共分为 7 章。主要内容有：UGNX 5 基础，包括文件操作、工具条的定制、常用工具、对象操作、视图布局、层操作和坐标系的变换；曲线功能，包括曲线绘制、曲线编辑和曲线操作；草图，包括建立草图、草图约束和定位、草图操作和草图编辑；实体建模，包括成型特征、基准特征、布尔操作、特征操作和特征编辑；曲面，包括曲线构造曲面、其他构造曲面和曲面编辑；工程制图，包括制图首选项、建立与编辑图纸、生成常用视图、剖视图、视图编辑、尺寸标注、尺寸标注的修改、边框与标题栏和其他制图对象；装配功能，包括装配综述、装配导航器、加载选项、保存与关闭文件、从底向上设计方法、自顶向下设计方法、创建组件阵列、镜像装配、装配爆炸视图和 WAVE 几何链接器。

　　本书第 1、2 章由邝芸编写；第 4、5 章由李开林编写；第 6、7 章由余年生编写；第 3 章由丁炜编写，全书由李开林统稿。钟燕锋教授主审了全部书稿。

　　限于编者的水平，本书可能有疏漏和错误之处，敬请广大读者批评指正。

　　本书所有实例的源文件放在电子工业出版社的华信教育资源网上，网址是：www. huaxin. edu. cn，可供读者练习使用。为照顾 NX4 读者的需要，练习文件也可在 NX4 上使用。

作　者

2011 年 8 月

目　　录

第 1 章 UGNX 5 基础

本章主要介绍 UGNX 5 的基本功能和一般操作方法，这是学习 UGNX 5 的基础。通过本章的学习，读者会对 UGNX 5 的工作环境及操作方法有一个比较全面的了解。

1.1 UGNX 5 的基本界面

当打开 UGNX 5 时，屏幕会显示如图 1-1 所示的界面。当选择打开或新建文件时，界面就变成了一般工作状态下的界面。此时界面由标题栏、菜单栏、工具栏、提示行、状态行、图形区等组成，其布局如图 1-2 所示。

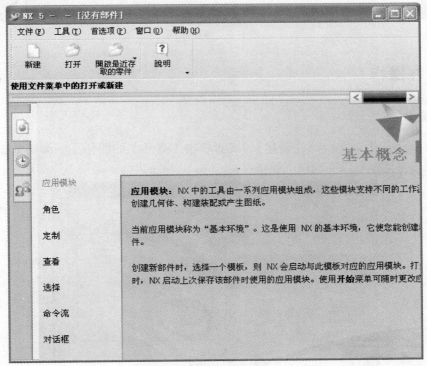

图 1-1　初始界面

1. 标题栏

显示当前工作区的显示零件和工作零件，在零件设计时，显示零件和工作零件是一致的；在装配时，它们可以不一致。

2. 菜单栏

配有菜单操作命令，有子菜单。很多命令可用工具栏的图标代替。

3. 工具栏

配有图标操作命令。一个命令为一个图标，若干个同类图标组成一个工具条。工具条可以灵活移动，放在屏幕任何位置。图 1-2 所示是屏幕上部的工具条。

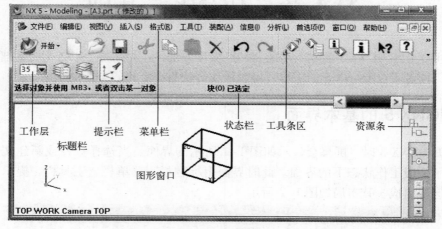

图 1-2　屏幕布局

1.2　文件操作

1. 新建文件

选择菜单命令【文件】→【新建】，或者单击工具条上的图标，弹出如图 1-3 所示对话框。在该对话框可以实现以下操作：

图 1-3　【文件新建】对话框

（1）设定新部件的名称，文件名最多可以包含 128 个字符，但不能包含汉字。

（2）在【文件夹】中选择保存新部件的文件夹，或者指定新建文件的工作文件夹。

（3）在【单位】单选框中可以设定模板的单位为"毫米"、"英寸"或"全部"（单位为毫米和英寸的模板均显示在列表区）。

（4）在模板列表区为新建文件选择合适的模板。

（5）最后单击【确定】按钮建立新部件。

2. 打开文件

选择菜单命令【文件】→【打开】，或者单击工具条上的图标 ，弹出【打开部件文件】对话框，如图 1-4 所示。在该对话框中可以打开已经存在的 UG 部件文件，或者是 UG 支持的其他格式文件。

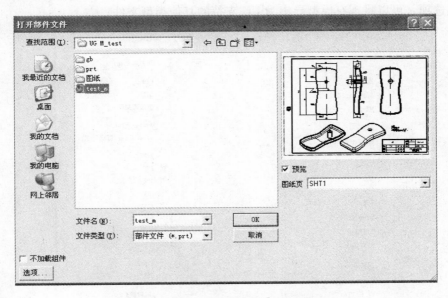

图 1-4 【打开部件文件】对话框

可以用如下两种方法打开文件：

（1）在列表框中选择要打开的文件，系统在列表框右侧给出所选文件的预览图，单击【OK】按钮打开所选的文件。

（2）在文件名文本框中直接输入存在的 UG 部件文件名，单击【OK】按钮或直接按 Enter 键打开文件。

3. 保存文件

在对新建或打开的文件进行修改后，选择菜单命令【文件】→【保存】，或者单击工具条上的图标，可以保存对该文件所作的修改。

选择菜单命令【文件】→【另存为】，可以将当前文件更改文件名和地址后进行保存。

4. 关闭文件

选择菜单命令【文件】→【关闭】，弹出【关闭文件】
菜单，如图 1-5 所示，其中各选项的功能可从字面意义
理解。

5. 导入、导出文件

选择菜单命令【文件】→【导入】，弹出导入文件菜
单，如图 1-6 所示。在该菜单中选择相应选项，可以导入
UG 支持的其他类型文件。

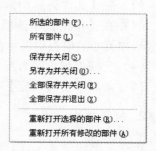

图 1-5　关闭文件菜单

选择菜单命令【文件】→【导出】，弹出导出文件菜单，如图 1-7 所示。在该菜单中
选择相应选项，可以将现有模型导出为 UG 支持的其他类型文件。

图 1-6　导入文件菜单

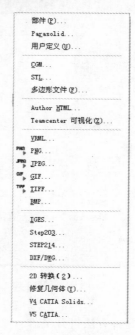

图 1-7　导出文件菜单

1.3　工具条的定制

选择菜单命令【开始】→【建模】进入建模模块，系统界面如图 1-8 所示。
建模模块中的系统工具条位于 UG 工作界面的上方和左侧，通过定制工具条选项，可
以调整工具条和系统提示的显示方法和显示内容，还可以改变工具条的显示位置。

1. 工具条定制

选择菜单命令【工具】→【定制】，弹出如图 1-9 所示的定制对话框，【工具条】选项
卡用于显示和隐藏工具条，用户从【工具条】选择要显示的工具条。

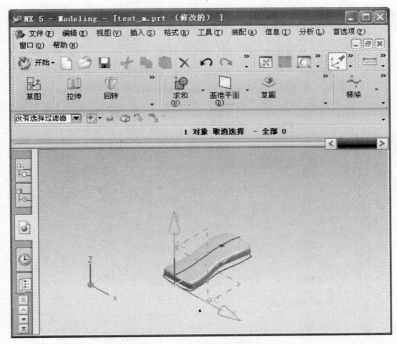

图1-8　建模模块工作界面

图1-9　【工具条】选项卡

　　简单地，可以将光标放在工具条上，单击鼠标右键，可以看到显示和关闭的菜单，用鼠标左键选择要增减的工具条。

2．工具条命令定制

　　定制对话框中的【命令】选项卡如图1-10所示，该对话框用于显示和隐藏工具条中的图标。

　　在对话框左侧的工具条列表中选择要改变显示的图标的工具条，然后在对话框右侧选择要在工具条中显示的图标,将它拖到工具条中。

简单地,可以单击工具条中的右(上)边的下三角按钮▼,弹出添加或删除图标按钮,在此进行工具图标的增减设置。

图1-10 【命令】选项卡

3. 工具条选项定制

定制对话框中的【选项】选项卡如图1-11所示,该对话框用于设置个性化菜单、工具栏图标大小及菜单图标大小。

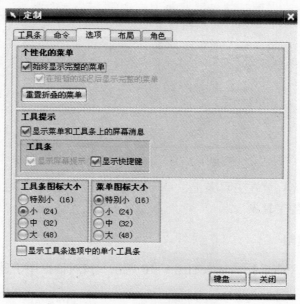

图1-11 【选项】选项卡

4. 工具条布局定制

定制对话框中的【布局】选项卡如图 1-12 所示，该对话框用于设置程序的布局、提示栏/状态栏放在界面的顶部还是底部、水平工具条与竖直工具条对接时谁优先。单击【关闭】按钮，完成工具条的显示设置。

1.4 常用工具

1.4.1 点

【点】对话框如图 1-13 所示。

图 1-12 【布局】选项卡

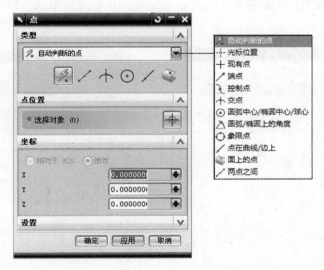

图 1-13 【点】对话框

1. 选择图标建立点

在图 1-13 所示的【点】对话框上部选择相应的图标建立点，各个图标的功能如下。

● ⚡【自动判断的点】 根据鼠标所指的位置，可以是以下的点之一：光标位置、已经存在的点、端点、控制点、圆弧的中心、直线的中点、两条直线的交点等。

● ┼【光标位置】 直接在光标位置用鼠标左键单击建立点。

● ✛【现有点】 根据已经存在的点，在该点位置上再创建一个点。

● ╱【端点】 指已经存在的直线、圆弧及样条曲线的端点。系统根据鼠标选择位置，在靠近鼠标选择位置的端点处建立点。如果选择的特征为完整的圆，则端点为零象限点。

● ╲【控制点】 已经存在的点、直线的中点和端点、二次曲线的端点、圆弧的中点、端点和圆心、样条曲线的端点和极点。

● ↑【交点】 指线与线的交点或线与面的交点。求交点时并不需要它们实际相交，系统会根据选择的特征自动求出交点。当交点不止一个时，系统会根据鼠标位置与交点的距离自动选择离鼠标位置较近的交点。

● ⊙【圆弧中心/椭圆中心/球心】 系统在所选圆弧、椭圆或球的中心建立点。圆弧、椭圆是否完整并不影响该操作。

● ⌒【圆弧/椭圆上的角度】 选择圆弧或椭圆后，【点】对话框变为如图 1-14 所示，在该对话框中输入建立点与起始点间的角度。起始点为圆的零象限点，角度取值范围为 0°~360°。

● ○【象限点】 根据鼠标的位置，建立圆或椭圆的象限点。

● ╱【点在曲线/边上】 选择直线、曲线等特征后，【点】对话框变为如图 1-15 所示，在该对话框中设定【U 向参数】的值，即可在选择的特征上建立点。【U 向参数】的值表示该点到起始点的距离与所选特征的长度之比。对于直线和圆弧，起始点为最初创建该特征时的起始点；对于完整的圆和椭圆，起始点为圆和椭圆的零象限点。【U 向参数】的取值范围为实数。

图 1-14 【点】（圆弧/椭圆上的角度）对话框

图 1-15 【点】（点在曲线/边上）对话框

● ▱【面上的点】 选择曲面特征后，【点】对话框变为如图 1-16 所示。在该对话框中设定【U 向参数】和【V 向参数】的值，即可在曲面上建立点。

【U 向参数】和【V 向参数】的意义是：当选择要创建点的曲面后，系统会在该曲面上建立一个 UV 坐标系，而【U 向参数】和【V 向参数】的值，表示新建的点在 U 和 V 方向上的长度之比。

【U 向参数】和【V 向参数】的取值范围为实数。

2. 根据坐标值建立点

根据坐标值确定点时有两种选择标。一种为【相对于WCS】（工作坐标系），另一种为【绝对】。当选择【相对于WCS】时，在该对话框中输入 XC、YC、ZC 的值，按照工作坐标系建立点。如果选择【绝对】，【点】对话框如图 1-17 所示，原【点】对话框中的 XC、YC、ZC 变为 X、Y、Z，在该对话框中输入 X、Y、Z 的值，按照绝对坐标系建立点。点的取值范围为实数。

图 1-16 【点】（点在曲面上）对话框

图 1-17 【点】（绝对坐标）对话框

1.4.2　矢量构成

在 UGNX 5 的使用过程中，经常需要指定矢量，这时会弹出如图 1-18 所示的【矢量】对话框。构造矢量有以下两种方法。

1. 选择图标构成矢量

如图 1-18 所示，在【矢量】对话框上部选择图标，各图标的意义如下。

● 【自动判断的矢量】　系统根据鼠标选择的对象自动推断构成矢量，如直线的方向矢量、曲线的法向矢量。

● 【两点】　系统根据指定的两个点构成矢量，矢量方向为从第一点到第二点。

● 【与 XC 成一角度】　单击【成一角度】的矢量构成方法后，【矢量】对话框变为如图 1-19 所示，在对话框中部出现【基本角度】文本框，在该文本框中输入角度，使构成矢量与 XC 轴成指定的角度。

● 【边/曲线矢量】　通过选择边界和曲线构成矢量。如果选择的是直线，则定义的矢量方向为选择点到距离最近的端点的方向；如果选择的是圆弧，则定义的矢量方向为圆弧所在平面的法向，并且通过圆心。

图 1-18 【矢量】（自动判断的矢量）对话框　　　图 1-19 【矢量】（与 XC 成一角度）对话框

图 1-20 【曲线上的位置】对话框

- 【曲线上矢量】 选择【在曲线矢量上】图标，再选择一条曲线，在【曲线上的位置】选项如图 1-20 所示，在该对话框中，可以通过"曲线长度百分比"或"圆弧长"来定义矢量的起始位置。

- 【面的法向】 构成矢量为平面的法向或为圆柱面的轴向矢量。

- 【平面法向】 构成矢量平行于基准平面的法向。
- 【基准轴】 构成矢量平行于基准轴。
- 【XC 轴】 构成矢量平行于 XC 轴。
- 【YC 轴】 构成矢量平行于 YC 轴。
- 【ZC 轴】 构成矢量平行于 ZC 轴。
- 【-XC 轴】 构成矢量平行于-XC 轴。
- 【-YC 轴】 构成矢量平行于-YC 轴。
- 【-ZC 轴】 构成矢量平行于-ZC 轴。
- 【按系数】 按方程系数构成矢量。

3. 其他图标功能

【矢量】对话框中其他图标的功能如下。

- 【反向】 循环切换定义的矢量反向。
- 【更换解】 用于更换求解结果。

1.4.3 类选择

选择【编辑】菜单下的【删除】、【隐藏】、【变换】、【对象显示】、【属性】或者选择【信息】菜单下的【对象】等选项时都会出现如图 1-21 所示的【类选择】对话框。在【类选择】对话框中可以通过各种过

图 1-21 【类选择】对话框

滤方式和选择方式快速地选择对象，然后对对象进行操作。下面介绍【类选择】的方式。

1．对象的选择方式

选择对象的方法有以下几种。

（1）在【根据名称选择】文本框中输入对象名称选择对象。

（2）用鼠标直接选择对象。

（3）全选选择方式。选择所有可视对象。

（4）反向选择方式。选择所有未选择对象。

2．过滤器

- 【根据类型选择】 通过指定对象的类型来选择对象，如图1-22所示。
- 【根据图层选择】 通过指定对象所在的层来选择对象，如图1-23所示。

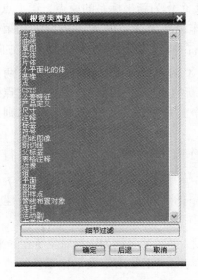

图1-22 【根据类型选择】对话框　　　　　图1-23 【根据图层选择】对话框

- 【颜色】 通过指定对象的颜色来选择对象，如图1-24所示。
- 【按属性选择】 通过指定对象的一些其他属性来选择对象，如图1-25所示。

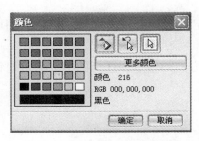

图1-24 【颜色】过滤对话框　　　　　图1-25 【按属性选择】对话框

1.4.4　CSYS 构造器

选择菜单命令【格式】→【WCS】→【定向】，弹出如图 1-26 所示的【CSYS】对话框，用以建立新的坐标系。

1. 选择图标建立坐标系

在如图 1-26 所示的【CSYS】对话框上方选择相应的图标构造坐标系，各个图标的功能如下：

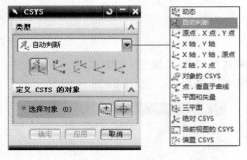

图 1-26　【CSYS】对话框

- ❄【自动判断】　系统根据选择对象的不同，自动选择以下建立坐标系的方法中的任意一种，自动建立坐标系。

- ↙【原点、X 点、Y 点】　用点构造器定义 3 个点，第 1 个作为新坐标系的原点，第 1 点到第 2 点的方向作为新坐标系的 X 轴方向，从第 2 点到第 3 点由右手定则确定 Y 轴方向和 Z 轴方向。

- ↙【X 轴、Y 轴】　选择或者新建两个矢量方向定义新的坐标系，以两个矢量的交点作为新坐标系的原点，以第 1 个矢量为 X 轴正向，从第 1 个矢量到第 2 个矢量按右手定则确定 Y 轴和 Z 轴。

- ↙【X 轴、Y 轴、原点】　以选择或者新建的点作为新坐标系的原点，X 轴平行于第 1 个矢量，从第 1 个矢量到第 2 个矢量按右手定则确定 Y 轴和 Z 轴。

- ↙【Z 轴、X 点】　选择或者新建矢量作为坐标系的 Z 轴，Z 轴到选择或者新建点的矢量为 X 轴，Y 轴根据右手定则确定。

- ☇【对象的 CSYS】　根据选择的对象定义新坐标系，X–Y 平面为选择对象所在的平面。

- ☇【点，垂直于曲线】　通过选择或者新建的点与曲线正交来定义坐标系。

- ☇【平面和矢量】　根据选择的平面和矢量定义坐标系，以平面的法向量方向为 X 轴方向，以矢量在平面上的投影方向为 Y 轴方向，以矢量与平面的交点作为坐标系的原点。

- ☇【三平面】　根据选择的 3 个平面定义坐标系，以 3 个平面的交点作为坐标系的原点，以第 1 个平面的法向量方向作为 X 轴方向，以第 2 个平面的法向量方向作为 Y 轴方向，Z 轴方向由右手定则确定。

- ☇【绝对 CSYS】　在绝对坐标为（0，0，0）处定义坐标系，坐标轴的方向与绝对坐标系的方向相同。

- ☇【当前视图的 CSYS】　根据当前的视图定义坐标系，坐标系原点为视图原点，坐标系 X 轴平行于视图底边，坐标系 Y 轴平行于视图侧边。

- ☇【偏置 CSYS】　根据输入的 X、Y、Z 轴方向的增量和选择的坐标系，对该坐标系进行偏置，定义新的坐标系。

2. 根据 X、Y、Z 增量建立坐标系

如选择【偏置 CSYS】，可在【CSYS】对话框中直接输入 X、Y、Z 轴方向的增量 DX、

DY、DZ，对现有的坐标系进行移动，建立新的坐标系。

3. 根据 X、Y、Z 方向旋转角度建立坐标系

如选择【偏置 CSYS】，可在【CSYS】对话框中直接输入 X、Y、Z 轴方向的旋转角度 AngleX、AngleY、AngleZ，对现有的坐标系进行旋转，建立新的坐标系。

1.4.5　平面工具

当需要定义基准平面、参考平面或切割平面时，系统会弹出如图 1-27 所示的平面构造工具，利用该对话框可以建立平面。

- 【自动判断】　通过选择对象判断平面。
- 【成一角度】　根据选择的面，建立角度平面。
- 【按某一距离】　选择一个参考平面，偏置参考平面一定的距离建立基准平面。选择时，弹出如图 1-28 所示的【平面】对话框，在该对话框中选择存在的平面或新建一个平面，输入平面的偏置值，建立平面。建立的平面平行于参考平面。

图 1-27　【平面】（自动判断）对话框　　　　图 1-28　【平面】（按某一距离）对话框

- 【平分】选择两个平行的参考平面，生成中间平面。
- 【曲线和点】　根据选择的点和曲线建立平面。
- 【两直线】　根据选择的两条直线定义平面，当两条直线共面时，新建的平面包含两条直线；当两条直线异面时，新建的平面通过第 1 条直线而平行于第 2 条直线。
- 【相切】　新建平面与选择的两个球面或圆柱面相切。
- 【通过对象】　根据选择的圆弧、二次曲线或平面样条曲线定义平面，所选的曲线位于该平面上。
- 【系数】　选择此项时，弹出如图 1-29 所示对话框，在该对话框中输入平面方程的系数 a、b、c、d，建立平面。
- 【点和方向】　该方法通过选择一个参考点和一个参考矢量，建立通过该点而垂直于所选矢量的基准平面。
- 【在曲线上】　根据选择的点和曲线建立平面，该平面通过该点并且垂直于该曲线，平面与曲线的交点为曲线上与指定点距离最近的点。

● 【YZ－ZC 平面】 新建偏置平面垂直于 XC 轴，该平面与 YC－ZC 平面的距离为偏置值，对话框如图 1-30 所示。

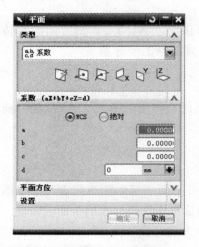

图 1-29 【平面】（a、b、c、d 系数）对话框

图 1-30 【平面】（YZ－ZC 平面）对话框

● 【XC－ZC 平面】 新建偏置平面垂直于 YC 轴，该平面与 XC－ZC 平面的距离为偏置值。

● 【XC－YC 平面】 新建偏置平面垂直于 ZC 轴，该平面与 XC－YC 平面的距离为偏置值。

1.5 对象操作

1.5.1 选择

选择对象时可以用鼠标在图形界面中直接选取，也可以在【选择】工具条选取，还可以在导航器中选取。

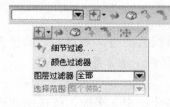

图 1-31 【选择】工具条

UG 工作界面上方的【选择】工具条如图 1-31 所示，其具体功能如下：

● 【常规选择过滤器】 右侧的下三角按钮可以选择过滤条件。

·● 【细节过滤】 根据层数、属性和类型进行过滤。

·● 【颜色过滤器】 根据颜色进行过滤。

·●【图层过滤器】 根据图层进行过滤。

1.5.2 观察对象

1. 利用图标观察对象

UG 工作界面上方的【视图】工具条如图 1-32 所示，该工具条中图标的功能介绍如下。

图 1-32 【视图】工具条

- ◙【适合窗口】 系统自动拟合窗口大小。

- ▦【将视图拟合到选中的区域】 选择要观察的对象，单击该图标，系统将自动拟合窗口到所选中的对象。

- ▢【缩放】 选择该图标，在图形界面中按住鼠标左键并拖动，释放鼠标左键后，系统将自动拟合窗口到鼠标所选中的区域。

- ☍【放大/缩小】 选择该图标后，在图形界面中按住鼠标左键，上下移动鼠标，可将视图进行缩放。

- ↻【旋转】 选择该图标后，在图形界面中按住鼠标左键，向各个方向移动鼠标，可以对视图进行旋转。

- ▢【平移】 选择该图标后，在图形界面中按住鼠标左键，向各个方向移动鼠标，可以对视图进行平移。

- ☞【透视】 选择该图标后，视图变为透视图。

- ◈·【显示模式】 单击该图标右侧小三角形按钮，可以设置有边着色显示、着色显示、面分析方式显示和工作室模式显示 4 种显示模式。同时可以设置隐藏边可见、隐藏边细灰色显示、隐藏边虚线显示和隐藏边不可见 4 种隐藏边的线框图显示方式。

- ☞·【视图方向】 单击该图标右侧小三角形按钮，弹出 8 种可选择视图方向，系统将以所选视图替换当前视图。

2. 利用菜单观察对象

在图形窗口中单击鼠标右键，弹出菜单，如图 1-33 所示，在该菜单中选择相应项也可以实现上述工具条中的功能。

选择【视图】→【操作】命令，在弹出的菜单中也可实现部分功能。

3. 利用鼠标观察对象

用鼠标的滚轮可以完成视图的放大、缩小、旋转和平移。

- 【视图缩放】 将鼠标置于图形界面中，滚动鼠标滚轮就可以对视图进行缩放。

- 【旋转视图】 将鼠标置于图形界面中，然后按下鼠标滚轮，向各个方向移动鼠标就可旋转视图。

- 【平移视图】 将鼠标置于图形界面中，然后同时按下鼠标滚轮和右键，向各个方向移动鼠标就可以移动视图。

图 1-33 右键快速菜单

1.5.3 动态截面视图

通过建立动态截面，可以更好地观察复杂零件的内部情况，为建立造型横截面确定合理的位置。

选择菜单命令【视图】→【操作】→【截面】，如图 1-34 所示，弹出【剖切定义】对话框，利用该对话框可以建立动态的截面视图，同时图形界面中显示动态截面坐标轴和动态截面，如图 1-35 所示。

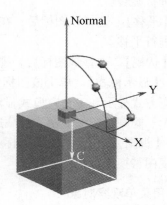

图 1-34　【剖切定义】对话框　　　　　图 1-35　动态坐标轴和动态截面

图 1-35 所示动态坐标轴上的移动和旋转把手功能如下：

圆锥形移动把手：可以沿相应坐标轴方向移动截面。

球形旋转把手：可以绕相应坐标轴旋转截面。

方形的原点把手：可以任意移动截面。

1.5.4　编辑对象的显示方式

选择菜单命令【编辑】→【对象显示】，弹出【类选择】对话框，利用【类选择】对话框选择要编辑显示方式的对象后单击【确定】按钮，弹出【编辑对象显示】对话框，如图 1-36 所示。在该对话框中，可以改变所选对象的层、颜色、线型、宽度、网格数、透明度和着色状态。

- 【继承】按钮将其他对象的显示设置用于所选的对象。
- 【选择新对象】按钮用于选择新的编辑对象。

编辑完对象的显示方式后，单击【应用】或【确定】按钮将修改应用于所选的对象。如图 1-36 所示。

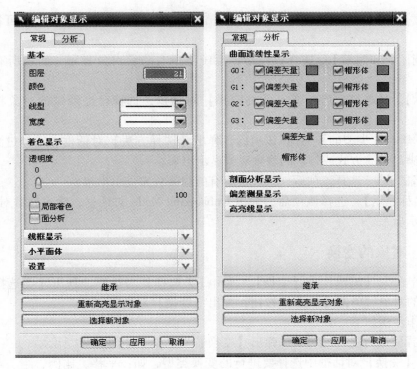

图1-36 【编辑对象显示】对话框

1.5.5 隐藏与显示对象

选择菜单命令【编辑】→【显示和隐藏】,弹出【隐藏】下拉菜单,如图1-37所示。菜单中各项功能如下。

●【显示和隐藏】 选择该项后,弹出【显示和隐藏】对话框,选择要隐藏的对象后可将所选对象隐藏或者显示,如图1-38所示。

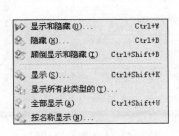

图1-37 【隐藏】菜单   图1-38 【显示和隐藏】对话框

- 【隐藏】 选择该项后，弹出【类选择】对话框，选择要隐藏的对象后可将所选对象隐藏。
- 【颠倒显示和隐藏】 选择该项后，系统将所有隐藏对象显示，而将所有显示对象隐藏。
- 【显示】 选择该项后，弹出【类选择】对话框，选择已经隐藏的对象将它们显示出来。
- 【显示所有此类型的】 选择该项后，弹出【选择方法】对话框，选择过滤方式或颜色，可以将满足过滤方式或颜色的隐藏对象显示出来。
- 【全部显示】 选择该项后，系统将所有的隐藏对象显示出来。
- 【按名称显示】 选择该项后，弹出 Unblanking Mode 对话框，输入隐藏对象的名称，可以将其显示出来。

1.5.6 对象的变换

选择菜单命令【编辑】→【变换】，弹出【类选择】对话框，利用【类选择】对话框选择要变换的对象后单击【确定】按钮，弹出【变换】对话框。

变换操作步骤如下：

（1）选择要进行变换的对象，弹出【变换】对话框，如图 1-39 所示。

（2）在【变换】对话框中选择要进行的变换类型，如：平移、比例、绕一点旋转、通过一直线镜像、矩形阵列、圆形阵列、绕一直线旋转、通过一平面镜像、重定位、在两轴间旋转、点拟合、增量编辑等。

（3）选择不同的变换类型将弹出对应的各种不同的对话框，在这些对话框中设置变换的参数和选择变换参考对象。

（4）最后弹出如图 1-40 所示的【变换】对话框，在该对话框中选择复制、多重复制或移动对象及其他选项完成变换。

图 1-39 【变换】对话框

图 1-40 【变换】对话框

1.6 视图布局

1.6.1 视图布局的创建

选择菜单命令【视图】→【布局】→【新建】，弹出【新建布局】对话框，如图1-41所示。

新建布局步骤如下：

（1）首先在【名称】文本框中输入新布局的名称，系统默认的名称为 LAY，再加上一个整数，该整数从 1 开始增量为 1，对每个使用默认名称的布局命名。

（2）从图 1-42 上部的【排列】下拉菜单中选择 UG 系统提供的 6 种布局之一，如图 1-42 所示。

（3）选择某个布局之后，在图 1-41 所示对话框的下部将显示所选布局包含的视图，如图 1-43 所示。单击图 1-43 下部的视图名称，然后在图 1-43 中部视图列表中选择要替换的视图，最后单击【确定】按钮，完成新建视图的布局。

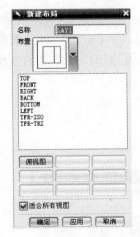

图 1-41 【新建布局】对话框

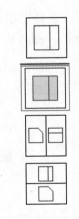

图 1-42 系统定义布局

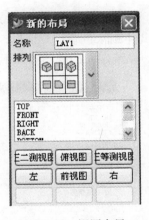

图 1-43 视图布局

1.6.2 视图布局的操作

1. 切换视图布局

选择菜单命令【视图】→【布局】→【打开】，弹出【打开布局】对话框，如图 1-44 所示。在该对话框中选择系统定义的 6 种视图布局及自定义视图布局，可以切换视图布局。

2. 替换视图

选择菜单命令【视图】→【布局】→【替换视图】，弹出【要替换的视图】对话框，如图 1-45 所示。

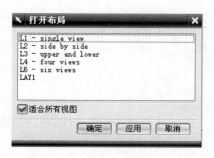

图1-44 【打开布局】对话框

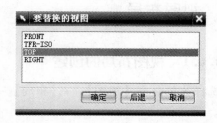

图1-45 【要替换的视图】对话框

替换视图步骤如下：

（1）图1-45所示对话框中列出了当前视图布局中所包含的视图，在该对话框中选择要替换的视图，然后单击【确定】按钮，弹出如图1-46所示的【替换视图用】对话框。

（2）在如图1-46所示的【替换视图用】对话框中，选择要替换的视图，然后单击【确定】按钮，完成视图布局的替换。

（3）如果当前视图只有一个视图，则系统直接弹出如图1-46所示的对话框。

3. 删除视图布局

当用户自定义视图布局非当前布局时，选择菜单命令【视图】→【布局】→【删除】，弹出【删除布局】对话框，如图1-47所示。在该对话框中可以删除用户自定义的视图布局，系统定义的视图布局不能删除。

图1-46 【替换视图用】对话框

图1-47 【删除布局】对话框

1.7 层操作

1.7.1 层组的设置

选择菜单命令【格式】→【图层设置】，弹出【图层类别】对话框，如图1-48所示。

1. 建立层组

建立层组的步骤如下：

（1）在图1-48所示的【图层类别】文本框中，输入新建层组的名称。为层组命名时，应尽量选择具有特定意义的名称。

（2）在【描述】文本框输入对该层组的描述。描述信息为可选项，可设置也可不设置。

（3）单击【创建/编辑】按钮，弹出如图 1–49 所示的【图层类别】对话框，在该对话框中选择层组所要包括的层，可以利用 Ctrl 和 Shift 键进行多项选择。单击【添加】按钮，然后单击【确定】按钮，完成新建层组。

2. 编辑层组

如图 1–48 所示，该对话框还可以对已经存在的层组进行编辑和删除。

在如图 1–48 所示的列表框中选择存在的层组，单击【删除】按钮即可将其删除。

在如图 1–48 所示的列表框中选择存在的层组，在【类别】文本框中输入新的层组名称，然后单击【重命名】按钮，可以修改选择的层组名称。

在如图 1–48 所示的列表框中选择存在的层组，在【描述】文本框中输入对该层组的新的描述，单击【加入描述】按钮，系统将用新的描述代替层组原来的描述。

在如图 1–48 所示的列表框中选择存在的层组，单击【创建/编辑】按钮，弹出如图 1–49 所示的对话框，在该对话框的层列表框中选择要包括的层数或要删除的层数，然后单击【添加】或【移除】按钮，完成对层组所包括层数的修改。

图 1–48 　【图层类别】对话框

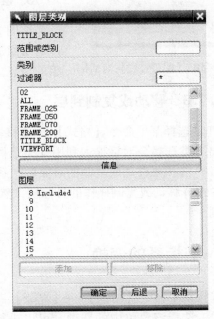

图 1–49 　【图层类别】对话框

1.7.2 图层的设置

选择菜单命令【格式】→【层的设置】，弹出【图层设置】对话框，如图 1–50 所示。在该对话框中可以对层进行设置、查询层的信息及对层组进行编辑。

1. 层的选择

选择层的方法如下：

（1）在【图层/状态】列表框中选择要进行设置的层，可以用 Ctrl + Shift 组合键进行多项选择。

图 1-50 【图层设置】对话框

（2）在【范围或类别】文本框中输入层的范围和类目名称后按 Enter 键，在【图层/状态】列表框中显示相应的层，并且这些层状态被设为可选的。

（3）在【类别过滤器】文本框中输入要过滤的类别名称后按 Enter 键，层组列表框中显示相应的层组，选择某层组则其包含的层都被选中。

2. 层的状态设置

层的状态有 4 种，分别为【可选】、【作为工作层】、【不可见的】和【只可见】。在【图层/状态】列表框中选择层，然后单击上述按钮，即可设置层为相应状态。

3. 层组的编辑和信息

在图 1-50 所示的对话框中单击【编辑类别】按钮，可以对层组进行编辑。单击【信息】按钮，则系统给出当前层组的信息。

1.7.3 移动或复制到层

（1）选择菜单命令【格式】→【移动至图层】或【格式】→【复制至图层】，系统首先弹出【类选择】对话框，利用【类选择】对话框选择要移动或复制的对象。

（2）选择要移动或复制的对象后，系统弹出【层移动】或【层复制】对话框。在该对话框中选择移动或复制操作的目标层，然后单击【确定】按钮，完成对象在层之间的移动或复制。

1.8 坐标系的变换

选择菜单命令【格式】→【WCS】，弹出如图 1-51 所示的下拉菜单。选择该菜单中的选项，可以进行坐标原点位置和坐标轴方位的设置。

1. 变化坐标系原点

选择菜单命令【格式】→【WCS】→【原点】，弹出【点】对话框，在该对话框中选择或建立点，坐标系的坐标原点将移动到该点，但坐标轴的方位不变。

图 1-51　工作坐标系

2. 动态坐标系

选择菜单命令【格式】→【WCS】→【动态】，弹出如图 1-52 所示的坐标系，选择该坐标系的移动把手可以移动坐标系。

- 选择圆锥形移动把手：坐标系将在该轴方向移动所需的距离。
- 选择方形的原点把手：可以向任意方向移动坐标系的原点。
- 选择球形的旋转把手：坐标系可以绕所选旋转把手对应的轴旋转。

3. 旋转坐标系

选择菜单命令【格式】→【WCS】→【旋转】，弹出【旋转 WCS 绕…】对话框，如图 1-53 所示。在该对话框中，可以将当前的坐标系绕某一轴旋转一定的角度后定义新的坐标系。

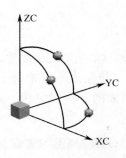

图 1-52 动态坐标系

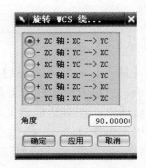

图 1-53 【旋转 WCS 绕…】对话框

4. 构造坐标系

选择菜单命令【格式】→【WCS】→【方位】，弹出【CSYS】对话框，CSYS 构造器的功能已在 1.4.4 节已有详细介绍。

5. 改变坐标轴方位

选择菜单命令【格式】→【WCS】→【更改 XC 方向】或【格式】→【WCS】→【更改 YC 方向】，弹出【点】对话框，在该对话框中选择点，系统以原坐标系的原点和该点在 XC - YC 平面上的投影点的连线方向作为新坐标系的 XC 方位或 YC 方位，而原坐标系的 ZC 轴保持不变。

第2章 曲线功能

在 UG 软件中，曲线功能在 CAD 模块中应用非常广泛。如建立实体截面的轮廓线，可以通过拉伸、旋转等操作构造三维实体或片体特征，也可以用曲线创建曲面进行复杂实体造型。在特征建模过程中，曲线也常用作建模的辅助线。另外，建立的曲线还可添加到草图中进行参数化设计。

2.1 曲线绘制

2.1.1 创建点

选择菜单命令【插入】→【基准/点】→【点】或单击图标 ，弹出如图 2-1 所示的工具条。利用工具条，可以方便地在图形窗口中用选点方式直接指定一点来确定点的位置；也可以用点构造器对话框，在对话框的文本框中输入坐标值来确定点的位置，点构造器的用法前已述及，这里不再重复。

图 2-1 选点工具条及对话框

2.1.2 创建点集

点集命令一次可以生成一组点，这些点从已存在的曲线（或曲面）上获得。选择菜单命令【插入】→【基准/点】→【点集】或单击图标 ，弹出如图 2-2 所示的【点集】对话框。

1. 曲线上的点

这种方法主要用于在曲线上创建点集。单击【曲线上的点】按钮，系统弹出如图 2-3 所示的对话框，其各项设置功能如下。

图 2-2 【点集】对话框

图 2-3 【曲线上的点】对话框

- 【间隔方式】 曲线生成点的间隔方式，如图 2-4 所示。各选项介绍如下：
- 【等圆弧长】 等弧长方式就是在点集的起始段和终止段之间按照点之间等弧长来创建指定数目的点集。如图 2-5 所示，在等弧长状态下，选择如图 2-5 所示曲线，在文本框中输入点数为"5"，输入起始百分比为"0"（表示起始点是曲线的起点），输入结束百分比为"100"（表示终止点是曲线的终点），然后单击【确定】按钮，即生成如图 2-5 所示的点。

图 2-4 曲线生成点的间隔方式

- 【等参数】 等参数方式是在创建点集时，按照曲线的曲率大小来分布点群的位置，曲率越大，则生成点的距离越大，反之则生成点的距离越小。如图 2-6 所示，在对话框中将点数设为"10"，则点集变化为不等距分布的点。
- 【几何级数】 几何级数方式工作状态下，对话框会多一个【比率】文本框，它是在设置完其他参数后，指定一个比率值，用来确定点集中彼此相邻的后两点之间的距离和前两点之间的距离的倍数。如图 2-7 所示，设定生成点数为"7"，比率值为"0.5"。

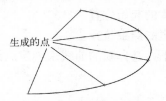

图 2-5 等圆弧长示意图

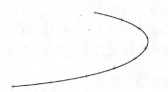

图 2-6 等参数示意图

- 【弦公差】 弦公差方式工作状态下，对话框选项只有弦公差文本框。用户需要给出弦公差的数值，在创建点集的时候系统会按照该公差值来分布点的位置。弦公差的数值越小，产生的点数越多，反之则越少。如图 2-8 所示，给出的弦公差值为"0.1"。

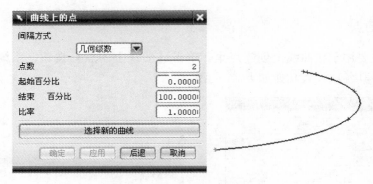

图 2-7　几何级数示意图

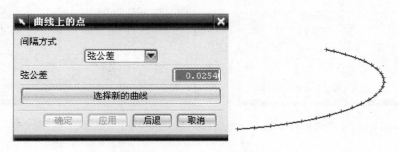

图 2-8　弦公差示意图

••【增量圆弧长】　在增量圆弧长方式工作状态下，对话框只有弧长文本框。用户需给出弧长的数值，系统在创建点集时按照该弧长大小的值分布点集的位置，点数的多少取决于曲线总长和两点间的弧长。如图 2-9 所示，给出的弧长值为"6"。

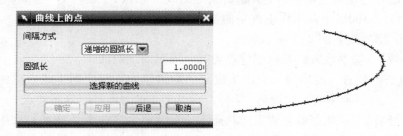

图 2-9　递增的圆弧长示意图

- 【点数】　该文本框用来设置点的数量。
- 【起始百分比】　用曲线的百分比来设置创建点集的起始位置。
- 【结束百分比】　用曲线的百分比来设置创建点集的结束位置。
- 【选择新的曲线】　可在不退出创建点集的情况下，选择新的曲线来创建点集。

2．在曲线上加点

利用一个或多个放置点向选择的曲线作垂直投影，在曲线上生成点集。单击【在曲线上加点】按钮，系统弹出如图 2-10 所示的对话框，用户选取曲线后，单击【确定】按钮，弹出【点构造器】对话框，选择要放置点的位置，再单击【确定】按钮，完成点向曲线的投影，如图 2-10 所示的在曲线上加点。

图 2-10　在曲线上加点示意图

3. 曲线上的百分比

通过曲线上的百分比位置来确定点。单击【曲线上的百分比】按钮，系统会提示选取曲线和设置曲线的百分比，输入要生成点的百分比，单击【确定】按钮，如图 2-11 所示。

图 2-11　曲线上百分比示意图

4. 样条定义点

利用绘制样条曲线时的定义点来创建点集。单击【样条定义点】按钮，系统会提示选取样条曲线，然后根据样条曲线的定义点来创建点集。

5. 样条节点

利用样条曲线的节点来创建点集。单击【样条节点】按钮，系统会提示选取样条曲线，然后根据样条曲线的节点来创建点集。

6. 样条极点

利用样条曲线的控制点来创建点集。单击【样条极点】按钮，系统会提示选取样条曲线，然后根据样条曲线的控制点来创建点集。

7. 面上的点

主要用于在表面产生点集。单击【面上的点】按钮，选择要生成的平面，弹出如图 2-12 所示的对话框，然后设置相关的参数，完成面上的点操作。

● 【对角点】　用对角点的方式来限制点集的分布范围。选择该选项，系统会提示先选择一点作为对角的第一点，然后再选择另一个对角点，这两个对角点就设置了点集的范围，如图 2-13 所示。

● 【百分比】　以表面参数百分比的形式来限制点集的

图 2-12　【面上的点】对话框

分布范围。选择该选项，用户在 U 向最小百分比、U 向最大百分比、V 向最小百分比、V 向最大百分比 4 个文本框中分别输入相应的数值来设定点集的分布范围，如图 2-14 所示。

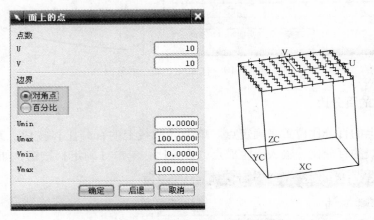

图 2-13 【对角点】方式示意图

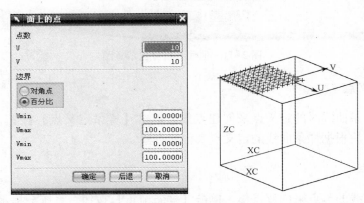

图 2-14 【百分比】方式示意图

8. 曲面上的百分比

通过设定点在选定表面的 U、V 方向的百分比位置来创建该表面的点集。单击【面百分比】按钮，系统弹出如图 2-15 所示的对话框，在 U、V 方向百分比文本框中分别输入设定的值来创建指定点。

9. 面（B 曲面）极点

主要是通过表面（B 曲面）控制点的方式来创建

图 2-15 【面百分比】对话框

点集。单击【面（B 曲面）极点】按钮，系统会要求选择相应的 B 曲面，这样就会产生与 B 曲面控制点相应的点集。

10. 点组合——关

主要是用于设置产生的点集是否需要以群组化的方式建立。如果打开该选项，则产生的点集会有相关性，即如果删除了具有群组化属性点集中的一个点，就会删除全部的点集。

2.1.3 创建基本曲线

选择菜单命令【插入】→【曲线】→【基本曲线】或单击图标 ，弹出如图 2-16 所示的【基本曲线】对话框，利用该对话框可以建立直线、圆弧和圆，还可以倒圆角、修剪曲线和编辑曲线参数。本节主要介绍 3 种曲线的创建，其他功能将在曲线编辑中介绍。

1. 创建直线

（1）直线对话框。图 2-16 所示是直线操作对话框状态，主要功能如下。

● 【无界直线】 【无界】为√时，绘制一条充满屏幕的直线，不能用于【线串模式】。

● 【增量绘直线】 【增量】为√时，以增量形式绘制直线，在对话条中或点构造器中轴的坐标值是相对于前一点的偏移量。

● 【选点方法】 提供了选点的辅助功能。

● 【连续画线】 【线串模式】为√时，连续画直线、圆弧，直到按下【打断线串】功能；【线串模式】无√时，一次只画一条线。

图 2-16 【基本曲线】对话框

● 【锁定模式】 当需要两个条件对所画的直线进行约束时，必须锁定第 1 个条件，才能施加第 2 个条件。

● 【画平行于坐标轴的直线】 给定起点后，用户只要在对话框【平行于】下选择其中一个坐标轴（XC、YC、ZC），即可画出平行于该坐标轴的直线。

● 【按给定距离平行】 用来画多条平行线，控制平行间距。

● 【角度增量】 光标在屏幕上移动按照角度增量定位。

（2）生成直线的对话条。用光标可以在屏幕上随意画出直线，但在用精确数据进行设计时，可以通过对话条输入数据，对话条位于屏幕底部，如图 2-17 所示。

图 2-17 直线文本框对话条

● 【坐标数据】 画直线分别输入 WCS 下的 2 个点的坐标值，每次按 Enter 键接受端点。

● 【长度与角度】 给定角度和长度画出一条直线。

● 【偏置】 画一条已知直线的平行线，长度与原直线等长。

向对话条某个域输完数据后，用 Tab 键移动到下一个数据域，当所需的数据全部输完后，按 Enter 键，系统才会接受这些数据。

由于对话条反映当前光标位置，在输入数据时，光标的移动会影响数据的输入，可以设置对话条内容不跟踪光标。选择【首选项】→【用户界面】，取消【追踪在跟踪条中的光标位置】的√。

（3）生成直线的各种方法。UG 提供了智能化构造直线的方法，系统根据用户的操作和光标的位置，自动推测用户的设计意图。除了前面介绍的部分画直线的方法外，常用的还有以下几种。

- 【过一点，与 XC 轴夹角为】 给定一个起点，在对话条中输入长度和角度。
- 【过一点，与另一条已有直线平行（或垂直、或成夹角）】 如图 2-18 所示，给定一个起点，选择已存在直线，移动光标确定一个长度。画出的直线到底是 3 种关系的哪一种，由光标的位置决定。光标在平行线附近，就为平行线；光标靠近直线，就为垂直线；在对话条中输入角度，就为角度线。
- 【过一点，与已有曲线相切（或垂直）的直线】 如图 2-19 所示，给定一个起点，选择已存在的圆弧，移动光标，画出的直线到底是两种关系的哪一种，由光标的位置决定。光标靠近切点，就为切线；光标靠近垂足，就为垂直线。

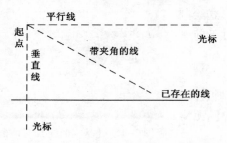 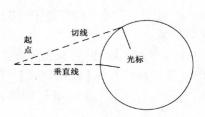

图 2-18　直线的平行线、垂直线、角度线　　　　图 2-19　圆弧的切线与垂直线

- 【与一条曲线相切，与另一条曲线相切或垂直的直线】 如图 2-20 所示，选择第 1 条曲线，选择第 2 条曲线，注意光标在第 2 条曲线的位置，它决定了生成切线还是垂直线。

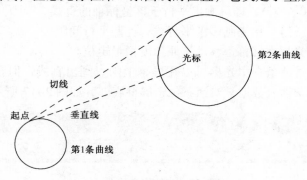

图 2-20　切线与垂直线

- 【与一条曲线相切并与一条直线平行或垂直的直线】 如图 2-21 所示，选择已存曲线，选择已存直线，光标的位置决定生成平行线或垂直线。
- 【与一条曲线相切，与一条直线成夹角的直线】 如图 2-22 所示，在对话条角度选项中输入角度，选择相切的圆，选择直线，确定一个长度。
- 【两线夹角的平分线】 如图 2-23 所示，选择两条直线，由光标确定角平分线的位置，光标的位置不同，可产生 4 种可能的角平分线。
- 【两条平行线的中线】 如图 2-24 所示，选择两条平行线，中线的起点自动选择第一条线离光标最近的端点，中线的长度由光标的位置指定。

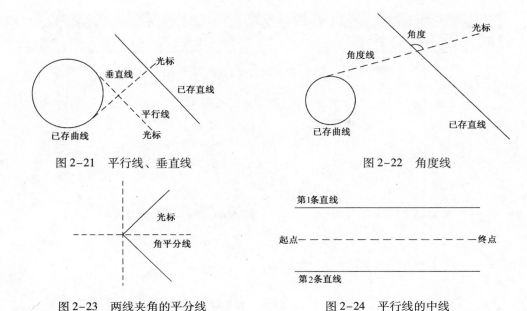

图 2-21 平行线、垂直线　　　　　　　　　图 2-22 角度线

图 2-23 两线夹角的平分线　　　　　　　　图 2-24 平行线的中线

●【过一点，与一个平面垂直的直线】 如图 2-25 所示，定义起点，选择对话框中的图标 🗔，再选择直线要垂直的平面。

2. 创建圆弧与圆

（1）圆弧。圆弧的生成方法是智能化的，系统自动推测用户的设计意图。圆弧操作的对话框如图 2-26 所示。

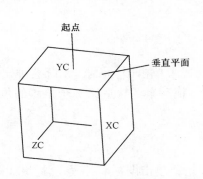

图 2-25 垂直平面的直线

图 2-26 圆弧构造选项卡

●【整圆】 为√时，画出一个整圆，线串模式不能用；无√时，画圆弧。
●【备选解】 在画圆弧的过程中确定结果为大圆弧还是小圆弧，即选择补圆。
●【创建方式】 有以下两种：
‥【起点，终点，圆弧上的点】 按照圆弧的起点、终点和圆弧上的点的顺序输入点。
‥【中心，起点，终点】 按照圆弧的圆心、起点、终点的顺序输入数据。
要精确画出圆弧，应使用圆弧对话条，如图 2-27 所示。圆弧的各种构造方法如图 2-28 所示。

图 2-27 圆弧对话条

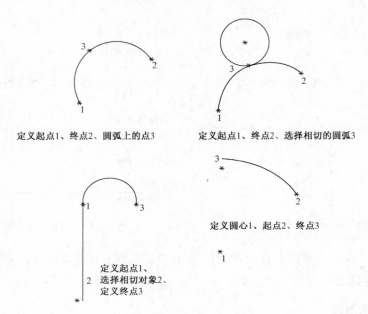

定义起点1、终点2、圆弧上的点3　　　定义起点1、终点2、选择相切的圆弧3

定义圆心1、起点2、终点3

定义起点1、
选择相切对象2、
定义终点3

图 2-28　圆弧构造方法

（2）圆。圆的生成方法较简单，由圆心和直径确定一个圆。如果生成多个相同的圆，在生成第一个圆后，将对话框中的【多个位置】设为√，只要给定一个位置，就将第一个圆复制到这个位置。

2.1.4　创建矩形

选择菜单命令【插入】→【曲线】→【矩形】或者单击图标▭，系统会弹出点构造器对话框，提示用户指定矩形的第一个角点的位置，拖动鼠标构造第二个角点的位置，得到矩形。

2.1.5　创建正多边形

选择菜单命令【插入】→【曲线】→【多边形】或单击图标⬡，系统弹出如图 2-29 所示的【多边形】对话框。输入多边形的边数，单击【确定】按钮，弹出如图 2-30 所示的对话框。

选择多边形的定义方法：【内接半径】或【多边形边数】或【外切圆半径】。

图 2-29　【多边形】对话框

图 2-30　多边形的定义方法

输入定义参数，单击【确定】按钮，指定多边形的中心位置；单击【取消】按钮，关闭对话框。

2.1.6 创建二次曲线

1. 椭圆

选择菜单命令【插入】→【曲线】→【椭圆】或单击图标 ◉ ，系统会弹出点构造器对话框，提示用户定义椭圆中心。单击【确定】按钮后，系统会弹出如图2-31所示的对话框，用户在相应文本框中输入数值，系统即能完成创建工作。椭圆的参数意义如图2-31所示。

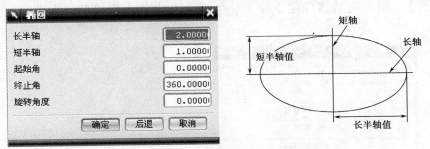

图2-31 【椭圆】对话框与参数

2. 抛物线

选择菜单命令【插入】→【曲线】→【抛物线】或单击图标 ，系统会弹出点构造器对话框，提示用户定义抛物线位置。单击【确定】按钮后，系统会弹出如图2-32所示的对话框，用户在相应文本框中输入数值，系统即能完成创建工作。抛物线的参数意义如图2-32所示。

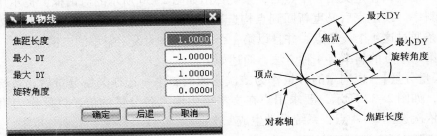

图2-32 【抛物线】对话框与参数

3. 双曲线

选择菜单命令【插入】→【曲线】→【双曲线】或单击图标 ，系统会弹出点构造器对话框，提示用户定义双曲线位置。单击【确定】按钮后，系统会弹出如图2-33所示的对话框，用户在相应文本框中输入数值，系统会自动生成双曲线。

4. 一般二次曲线

选择菜单命令【插入】→【曲线】→【一般二次曲线】或单击图标 ，系统弹出如图2-34所示的【一般二次曲线】对话框，其中提供了7种生成二次曲线的方法。

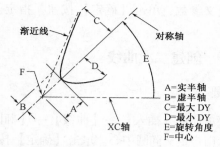

图 2-33 【双曲线】对话框与参数

●【5 点】 用点构造器设定 5 个点，生成一个由各点构成的二次曲线，如图 2-35 所示。

图 2-34 【一般二次曲线】对话框

图 2-35 5 点示意图

●【4 点，1 个斜率】 利用 4 个点和 1 个斜率来生成二次曲线。单击该选项，系统弹出点构造器对话框，在定义第一个点后，系统弹出如图 2-36 所示的对话框，提示用户设定第一个点的斜率。设定完后又重新回到点构造器对话框，依次设定其他 3 个点，然后系统自动生成一条通过这 4 个设定点，并且以第一个点的斜率为设定斜率的二次曲线。

确定第一个点的斜率有 4 种方法，简述如下。

●【矢量分量】 以向量的分量作为二次曲线的斜率。选择矢量分量后，系统会弹出一个对话框，如图 2-37 所示，要求用户在文本框中输入各分量的值，以此作为第一点的斜率，然后依次选择 2～4 点，系统自动生成二次曲线。

图 2-36 设定斜率对话框

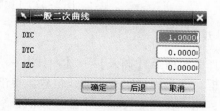

图 2-37 矢量分量对话框

●【方向点】 以方向点的位置来定义二次曲线的斜率。选择方向点后，系统会提示用户确定方向点的位置，并根据方向点来定义第 1 点的斜率，然后依次选择 2～4 点，系统自动生成二次曲线，如图 2-38 所示。

●【曲线的斜率】 利用另外一条曲线的斜率来定义二次曲线斜率。选择曲线的斜率后，系统会要求用户选取一条已存在曲线的端点，并根据该端点的斜率来定义第 1 点的斜率，然后依次选择 2～4 点，系统自动生成二次曲线，如图 2-39 所示。

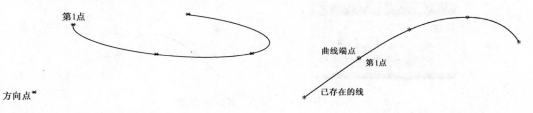

图 2-38　方向点示意图　　　　　　　　　图 2-39　曲线的斜率示意图

●【角度】 以角度值的方式来定义二次曲线的斜率。选择角度后，系统会弹出一个对话框，要求用户输入角度值，并根据该角度值来定义第 1 点的斜率，然后依次选择 2～4 点，系统自动生成二次曲线，如图 2-40 所示。

图 2-40　角度对话框及示意图

●【3 点，2 个斜率】 利用 3 个点和 2 个斜率的方式来生成二次曲线。选择该项后，系统弹出点构造器对话框，选定第 1 个点，系统再弹出如图 2-41 所示的设定斜率对话框，设定好第 1 点的斜率。系统再次弹出点构造器对话框，选定好第 2 点和第 3 点，再设定好第 3 点的斜率，系统生成二次曲线，如图 2-41 所示。

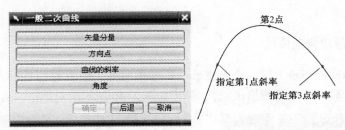

图 2-41　设定斜率对话框及 3 点，2 个斜率示意图

●【3 点，顶点】 利用 3 个点和一个顶点来生成二次曲线。选择该项后，系统弹出点构造器对话框，依次确定曲线上的 3 个点，然后再设定一个顶点，就可生成二次曲线。其中顶点表示二次曲线两个端点的切线的交点，如图 2-42 所示。

●【2 点，顶点，Rho】利用 2 个点和顶点并配合 Rho 的数值来生成二次曲线。选择该项后，系统弹出点构造器对话框，依次确定两个点，再设定顶点确定切线方向，然后在 Rho 对话框中输入 Rho 值，生成二

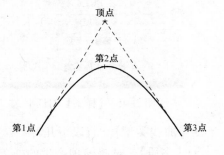

图 2-42　3 点，顶点示意图

次曲线。其中 Rho 表示顶点到两个端点的距离与顶点在二次曲线上的投影点到两个端点的距离的比值，控制二次曲线的扁平程度，如图 2-43 所示。

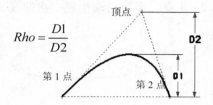

$$Rho = \frac{D1}{D2}$$

图 2-43　2 点，顶点，Rho 示意图

●【系数】　利用设置二次曲线的系数来生成二次曲线。选择该项后，系统弹出如图 2-44 所示的对话框，根据二次曲线的一般方程式 $Ax^2 + Bxy + Cy^2 + Dx + Ey + F = 0$，在文本框中分别输入 6 个系数 A、B、C、D、E、F。系统会以工作坐标系的原点为起点生成二次曲线。

●【2 点，2 个斜率，Rho】　利用 2 个点和 2 个斜率并配合 Rho 值来生成二次曲线。选择该项后，系统弹出【点】对话框，设定好起始点，并在弹出的设定斜率对话框中设定好起始点的斜率；然后再设定好终止点和终止点的斜率；最后设定 Rho 值，系统生成二次曲线。

图 2-44　系数对话框

2.1.7　创建样条曲线

选择菜单命令【插入】→【曲线】→【样条】或单击图标～，系统会弹出如图 2-45 所示的【样条】对话框。样条曲线的创建可以根据极点、通过点、适合窗口及垂直于平面等来进行，下面分别介绍。

1. 根据极点创建样条曲线

通过设定样条曲线的各个控制点来生成一条样条曲线。生成控制点的方法有：使用点构造器或从文件中读取。单击【根据极点】，弹出如图 2-46 所示的对话框，对话框说明如下。

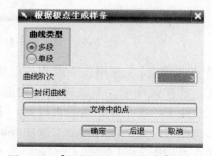

图 2-45　【样条】对话框　　　　　图 2-46　【根据极点生成样条】对话框

●【曲线类型】　有以下几种：

··【多段】　选择该项产生的样条，必须与对话框中的曲线次数相关。假如曲线次数为 3，则必须产生 4 个控制点，才可建立一个样条曲线。

·•【单段】 选中该项，对话框中的曲线次数和封闭曲线关闭，只能产生一个节段的样条曲线。

●【曲线阶次】 该选项用于设置曲线的次数，用户设置的控制点数必须大于曲线的次数。

●【封闭曲线】 选择该项，所建立的样条的起点和终点会在同一位置，从而生成一条封闭的曲线。

●【文件中的点】 选择该选项可以从已有的文件中读取控制点的数据。

2. 通过点创建样条曲线

通过样条曲线的各个定义点生成样条曲线，它与根据极点方式创建样条曲线的最大区别是生成的样条曲线要通过各控制点。单击该按钮，弹出如图2-47所示对话框，设置好相关参数，单击【确定】按钮，弹出点集的样条创建方式对话框，如图2-48所示，其功能分述如下。

图2-47 【通过点生成样条】对话框　　　　图2-48 点集创建【样条】对话框

●【全部成链】 通过选择起始点与终止点之间的点集作为定义点来生成样条曲线。单击该按钮后，出现点构造器，依次选择样条曲线的起始点和终止点，然后由系统自动选择链接之间的点集，从而生成样条曲线。图2-49演示了由通过6个点生成样条的过程。

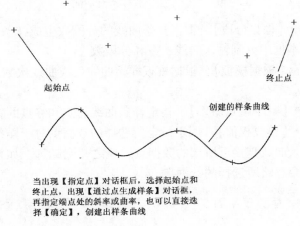

当出现【指定点】对话框后，选择起始点和终止点，出现【通过点生成样条】对话框，再指定端点处的斜率或曲率，也可以直接选择【确定】，创建出样条曲线

图2-49 通过6个点生成样条示例

●【在矩形内的对象成链】 利用矩形框来选择样条曲线的点集作为定义点生成样条曲线。单击该按钮后，用户定义矩形框来选择点集，然后在矩形框内确定点集的起始点和终

止点，系统将自动生成样条曲线。

●【在多边形内的对象成链】 利用多边形来选择样条曲线的点集作为定义点生成样条曲线。单击该按钮后，用户定义多边形线框来选择点集，然后在多边形线框内确定点集的起始点和终止点，系统将自动生成样条曲线。

●【点构造器】 利用点构造器定义样条曲线各定义点，并以此生成样条曲线。

3. 拟合（适合窗口）

利用拟合方式来生成样条曲线。单击该按钮，弹出如图 2-50 所示的对话框，选择确定的创建方法定义好点集后，系统弹出如图 2-51 所示的对话框，用户可以选择拟合方法，并做好相应的设置，单击【确定】按钮，系统就会自动生成样条曲线。

●【拟合方法】 有以下几种：

●●【根据公差】 根据样条曲线与数据点的最大许可公差生成样条曲线。选择该项后，在曲线次数和公差文本框中分别输入曲线次数和样条曲线与数据点之间的最大允许公差。

图 2-50 拟合方法生成样条对话框

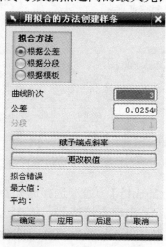

图 2-51 拟合方法对话框

●●【根据分段】 根据样条曲线的分段数生成样条曲线。选择该项后，在曲线次数和分段文本框中分别输入曲线次数和分段数。

●●【根据模板】 根据模板样条曲线生成曲线次数和节点顺序均与模板曲线相同的样条曲线。

●【赋予端点斜率】 指定样条曲线起点和终点的斜率。

●【更改权值】 用于设定所选择的数据点对于样条曲线的形状的影响。权值因子越大，则样条曲线越接近所选的数据点；反之，则越远。如果权值因子为"0"，则在拟合过程中系统会忽略所选择的数据点。

4. 垂直于平面

由通过正交平面的曲线生成样条曲线。建立样条的步骤是：首先选取起始平面，接着选取起始点，然后选取下一平面且定义建立样条的方向，接着继续选取未选取的平面，完成后单击【确定】按钮，系统自动生成样条。选取平面时可以使用平面构造器。

2.1.8 创建规律曲线

规律曲线是由 X、Y、Z 坐标值按设定规律变化的样条曲线。利用规律曲线可以控制创建过程中某些参数的变化规律。选择菜单命令【插入】→【曲线】→【规律曲线】或单击图标，弹出如图 2-52 所示的对话框。该对话框共提供了 7 种方法来定义规律曲线，下面分别简述这 7 种方法的功能。

● ⊔【恒定的】 控制坐标或者参数在创建曲线过程中保持常数。单击该按钮后，弹出如图 2-53 所示对话框，在规律值文本框中输入规律值定义曲线规律。

● ◿【线性】 控制坐标或者参数在创建曲线过程中在一定范围内保持线性变化。单击该按钮后，弹出如图 2-54 所示对话框，在对话框中分别输入起始值和终止值即可。

● ◿【三次】 控制坐标或者参数在创建曲线过程中在一定范围内呈三次变化。单击该按钮后，弹出如图 2-54 所示对话框，在对话框中分别输入起始值和终止值即可。

图 2-52 【规律曲线】对话框　　图 2-53 规律值设置对话框　　图 2-54 【规律控制的】对话框

● ◠【沿着脊线的值——线性】 控制坐标或者参数在沿一脊柱线设定的两点或者多个点所对应的规律值呈线性变化。选择该项时，系统会提示选取一脊柱线，再利用点构造器设定脊柱上的点，最后在弹出的规律值对话框中输入数值即可。

● ◠【沿着脊线的值——三次】 控制坐标或者参数在沿一脊柱线设定的两点或者多个点所对应的规律值呈三次变化。选择该项时，系统会提示选取一脊柱线，再利用点构造器设定脊柱上的点，最后在弹出的规律值对话框中输入数值即可。

● ◸【根据公式】 利用公式来控制坐标或者参数的变化。在选择该项前，首先选择菜单命令【工具】→【表达式】，在弹出的表达式对话框中设定表达式的变量，以及欲按照变化规律控制的坐标或参数的函数表达式；然后选择该项，在弹出的对话框中输入变量名；随后在弹出的对话框中输入 X 方向按照规律控制的坐标或者参数的函数名；最后再依次输入 Y、Z 的设置。

● ◹【根据规律曲线】 利用已存在的规律曲线来控制坐标或参数的变化。选择该项后，先选择一条规律曲线，再选择一条基线来辅助选定好的曲线方向。在完成 3 个方向（X、Y、Z 方向）的规律方式定义之后，系统会弹出【曲线定位方式】对话框，选择其中一种定位方式或直接单击【确定】按钮。

2.1.9 创建螺旋线

选择菜单命令【插入】→【曲线】→【螺旋线】或单击图标，弹出如图 2-55 所示的对话框，在对话框中输入螺旋线的转数、螺距后再设定旋转方向来确定螺旋线的选项。

●【半径方式】 有以下几种：

●●【使用规律曲线】 用于设定螺距半径按照一定规律变化。选择该项，系统会弹出如

图 2-52 所示的对话框,利用其中提供的 7 种规律方式来控制螺旋半径沿轴线的变化方式,这些方法前面已经讨论过了。

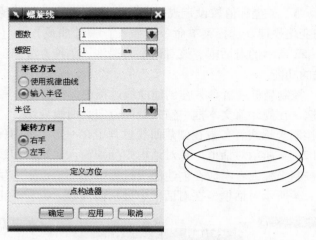

图 2-55 【螺旋线】对话框及示例

·•【输入半径】 用于设定螺旋线的半径为一个定值,在图 2-55 中输入螺旋线的半径值。

2.2 曲线编辑

2.2.1 倒圆角

选择菜单命令【插入】→【曲线】→【基本曲线】中的【圆角】图标，弹出如图 2-56 所示的对话框。其中【继承】选项是用于继承已有的圆角值,用户选择已经存在的圆角,圆角的半径值显示在圆角半径对话框中。

倒圆对话框中共提供了 3 种倒圆方式,下面分别说明。

·　【简单倒圆】 用于两条共面但是不平行的直线间倒圆。单击图标进入简单倒圆功能。首先在半径文本框中输入半径或通过【继承】选项选择,然后将光标移动到欲倒角的两条直线的交点处,单击鼠标左键即可,如图 2-57 所示。

图 2-56【曲线倒圆】对话框

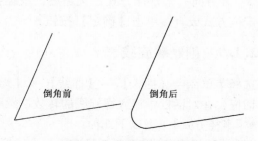

倒角前　　　　倒角后

图 2-57　简单倒圆示意图

● 【两条曲线倒圆】 单击图标 ，进入两条曲线倒圆功能。首先在半径文本框中输入半径或通过【继承】选项选择，然后选择第一条曲线，再选择第二条曲线，最后设置大致的圆心位置。注意所形成的圆角是逆时针方向从第一条曲线到第二条曲线，并且与两条曲线相切。如图 2-58 所示选择曲线的顺序不同，所形成的倒圆不同。

● 【三条曲线倒圆】 单击图标 ，进入三条曲线倒圆功能。按顺序依次选定三条曲线，并设定一个大致的圆心位置，所形成的圆角按照逆时针方向从第一条曲线到第三条曲线，并且与三条曲线相切，圆角半径根据三条曲线之间的关系确定，如图 2-59 所示。

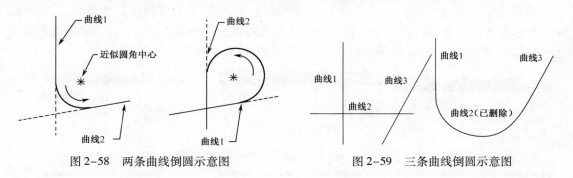

图 2-58　两条曲线倒圆示意图　　　　图 2-59　三条曲线倒圆示意图

2.2.2　倒角

选择菜单命令【插入】→【曲线】→【倒斜角】或单击【倒斜角】图标 ，弹出如图 2-60 所示的对话框，在对话框中系统提供了两种倒角的方式。

● 【简单倒角】 用于两共面直线之间的倒角，其产生的两边偏移值相等，角度值为 45°。单击该选项后，系统会弹出如图 2-61 所示的对话框，在偏置文本框中输入倒角尺寸后，单击【确定】按钮，这时系统提示用户选择两条直线的交点，生成倒角。同时系统会弹出如图 2-62 所示的对话框，询问用户对结果是否满意。

图 2-60　【倒斜角】对话框

● 【用户定义倒角】 用于两个共面直线或曲线（圆弧、二次曲线、样条曲线）直线间的倒角，通过该选项可以定义不同的偏置值和角度值。单击该选项，弹出如图 2-63 所示的裁剪方式对话框。该对话框中共提供了 3 种裁剪方式，分述如下：

图 2-61　输入倒角值对话框图　　图 2-62　确定倒角值对话框　　图 2-63　裁剪方式对话框

·· 【自动裁剪】 用此方法建立倒角时，系统会自动根据倒角来裁剪两条连接曲线。

·· 【手工裁剪】 用此方法建立倒角后，需要用户来完成裁剪倒角的两条连接曲线的设置。

·· 【不裁剪】 用此方法建立倒角时，不裁剪倒角边的两条连接曲线。

裁剪方式设置完后，弹出如图 2-64 所示的对话框。在对话框中输入倒角的角度值和偏置量，然后单击【确定】按钮，再选择需要的曲线，并定义倒角的方向，然后确定各个边裁剪的点，即可完成倒角的操作。

在图 2-64 所示对话框中，偏置值选项是用来改变自定义倒角的方式。单击该选项，弹出如图 2-65 所示的双偏置对话框，用户分别在两个文本框中输入偏置量的大小，然后单击【确定】按钮，再选择曲线并定义倒角方向，即可完成操作。

2.2.3　编辑圆角

选择菜单命令【编辑】→【曲线】→【圆角】或单击【编辑圆角】图标 ，选择其中一种修剪方式，系统将提示用户依次选择已存在圆弧的第 1 条连接线、圆角和圆角的第 2 条连接线，弹出如图 2-66 所示的对话框，其中的各项设置如下。

图 2-64　角度偏置值对话框　　图 2-65　双偏置对话框　　图 2-66　【编辑圆角】对话框

- 【半径】　该文本框用于设置圆角的新半径值。
- 【默认半径】　该选项用于设置半径对话框中的值。有以下两个选项：
- ·【模态的】　选择该项，则半径中的默认值保持不变，直到其中输入新的半径值或者改变设置。
- ·【圆角】　选择该项，则半径中的默认值为所编辑的圆角的半径值。
- 【新的中心】　该选项用于设置新的中心点。通过设置新的中心点可改变圆角的大致圆心位置，否则，仍以当前圆心位置来对圆角进行编辑。

2.2.4　修剪曲线

选择菜单命令【编辑】→【曲线】→【修剪】或单击图标 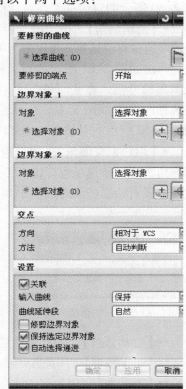，弹出如图 2-67 所示的【修剪曲线】对话框。利用该对话框，可以修剪（延伸）直线、圆弧、二次曲线或者样条曲线等图元。首先定义边界对象，接着设置修剪（延伸）的形式，最后选择想修剪（延伸）的曲线即可。

在图 2-67 所示【修剪曲线】对话框中，依次选择要修剪的线串，第一边界对象和第二边界对象即可实现对曲线的裁剪。

- 【自动选择递进】　选中该复选框，每步只选择一条曲线。选中一条曲线后，选择步骤自动跳到下一步。
- 【修剪边界对象】　此复选框可将边界对象的曲线一

图 2-67　【修剪曲线】对话框

同编辑。选中该复选框时，可将边界对象的边界一并修剪。

- 【方向】 包括【最短的 3D 距离】、【相对于 WCS】、【沿一矢量】和【沿屏幕的法向】4 种方法：
  - •【最短的 3D 距离】 若选取该选项，则系统按照边界对象与待修剪曲线之间的三维最短距离判断两者的交点，再根据该交点来修剪曲线。
  - •【相对于 WCS】 若选取该选项，则系统按照边界对象与待修剪曲线之间沿 ZC 方向判断两者的交点，再根据该交点来修剪曲线（即只能在 XC – YC 平面完成）。
  - •【沿一矢量方向】 若选取该选项，则系统按照在设定矢量方向上边界对象与待修剪曲线之间的最短距离判断两者的交点，再根据该交点来修剪曲线。
  - •【沿屏幕垂直方向】若选取该选项，则系统按照当前屏幕视图的法线方向上边界对象与待修剪曲线之间的最短距离判断两者的交点，再根据该交点来修剪曲线。
- 【曲线延伸段】 此选项组用于延伸样条时设置其延伸样条的形状。该选项组包括【自然的】、【线性】、【圆的】和【无】4 个单选按钮：
  - •【自然的】该选项用于将样条曲线沿其端点的自然路径延伸到边界。
  - •【线性】该选项用于将样条曲线沿其端点以线性方式延伸到边界。
  - •【圆的】该选项用于将样条曲线沿其端点以圆形方式延伸到边界。
  - •【无】该选项用于不将样条曲线延伸到边界。
- 【关联输出】 选择该选项以后，修剪后的曲线与原曲线具有关联性。当改变原有曲线的参数后，则修剪后的曲线与边界之间的关系自动更新到修剪后的曲线。
- 【输入曲线】 该选项用于控制修剪后的曲线处理方法，有保留、隐藏、删除和替换 4 种。

2.2.5 编辑曲线

选择菜单命令【编辑】→【曲线】→【参数】或单击图标，弹出如图 2–68 所示的编辑曲线参数对话框。在该对话框下，先对相关功能进行设置，然后再单击要编辑的对象。对话框中各功能说明如下。

- 【点方法】 单击该选项右侧箭头，出现点构造器下拉菜单，用于捕捉图像中的点。
- 【编辑圆弧/圆】 用户设置编辑曲线的方式，包括以下两个选项：
  - •【参数】 用参数方式编辑弧/圆。
  - •【拖动】 用拖曳的方式编辑弧/圆。
- 【补圆弧】 用于生成一个存在圆弧的互补圆弧。
- 【编辑关联曲线】 用于设置曲线的关联性是否存在，有以下两个选项：
  - •【根据参数】 打开该选项，可在编辑关联曲线的同时保持其相关性。
  - •【按原先的】 打开该选项，会中断关联曲线与原始曲线的关联性。

下面介绍一些常用对象的编辑。

图 2–68 编辑曲线参数对话框

1. 编辑直线

如果需要编辑直线，可以通过编辑直线的端点位置和直线的参数来实现。如果单击位置为直线本身，则弹出如图 2-69 所示的输入条，可以直接在里面输入直线的长度和角度。如果单击位置为直线的端点，则在图 2-69 中的前三个文本框也变成可用状态，可以对直线的参数进行修改。也可直接用鼠标选取直线的端点进行修改，如图 2-70 所示。

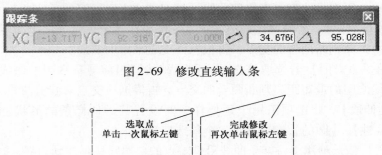

图 2-69   修改直线输入条

图 2-70   选取直线端点进行修改

2. 编辑圆弧和圆

如果编辑圆弧或者圆，则单击编辑对象后，可以通过如图 2-71 所示的对话框，编辑圆弧或圆的半径、圆弧的起始角和终止角等参数来实现。如果选择对象为圆弧的端点，则图 2-71 所示的对话框中前三个文本框被激活，可以定义圆弧端点的位置。还可以用补弧、参数和拖动等编辑方式进行修改。

图 2-71   跟踪栏工具条

3. 编辑椭圆

选择编辑对象椭圆后，弹出如图 2-72 所示的对话框，根据需要修改其中参数即可。

4. 编辑样条曲线

选择编辑样条曲线后，弹出如图 2-73 所示对话框。系统提供了 9 种修改方式，可改变样条曲线的次数、形状、曲率和极点等参数，分述如下。

图 2-72   【编辑椭圆】对话框

（1）编辑点。用于编辑样条曲线中的定义点，从而改变样条曲线的形状。单击该按钮后，弹出如图 2-74 所示的对话框。

●【编辑点方式】 该选项组包括【移动点】、【添加点】和【移除点】3 个单选按钮，即 3 种编辑点方式，用于移动、增加和删除样条上的定义点。

图 2-73 【编辑样条】对话框

图 2-74 【编辑点】对话框

••【移动点】 选中该单选按钮时，系统提供两种移动点的方式。

••【添加点】 该选项用于向所选择的样条曲线增加定义点。单击该选项，然后用鼠标在屏幕上选取一个点，系统就会自动捕捉该点，同时更新样条曲线。也可以先单击【确定】按钮，打开点构造器对话框，在设置增加点位置后，系统会自动更新样条曲线。

••【移除点】 该选项用于从样条曲线上删除定义点。选择该选项后，直接用鼠标选择要删除的定义点即可。

●【移动点由】 有以下两个选项：

••【目标点】选择该选项，则在单击要移动的点后，会出现点构造器对话框。通过点构造器，重新构造一个目标点来移动样条曲线的定义点到新的位置。也可以用鼠标选取样条曲线上的一个或多个定义点，将其直接拖到目标点。

••【增量偏置】选择该选项，则在选择需要移动的点后，系统会弹出如图 2-75 所示的【增量偏置】对话框，在对话框中输入 DXC、DYC、DZC 的坐标后，单击【确定】按钮。

●【微调】 该选项用于精密设置移动的距离。选中该选项时，能以鼠标拖动定义点，系统按照定义点和光标点之间距离的 1/10 来移动定义点。

●【重新显示数据】 该选项用于显示编辑以后的样条曲线的定义点及切线移动方向。

（2）编辑极点。该选项用于编辑样条曲线的控制极点。选择该选项，系统弹出如图 2-76 所示的对话框，其中各项

图 2-75 【增量偏置】对话框

功能如下。

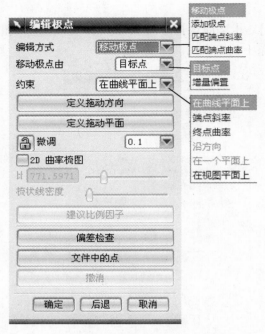

图2-76 【编辑极点】对话框

●【编辑方式】 该下拉菜单共包含4种方式进行点的编辑：

●●【移动极点】 用于移动样条曲线上的极点。选择该选项后，选择约束选项、定义拖动方向、定义拖动平面来设定极点的移动约束，然后再选择点，最后用与定义点相同的方法来移动极点。

●●【添加极点】 用于向样条曲线添加极点。选择该选项后，在绘图区窗口单击即可生成一个新的极点。

●●【匹配端点斜率】 用于根据另一条曲线端点的斜率来设定所选择的样条曲线的端点斜率。选择该选项后，选择要设定的样条曲线的端点，再选择另一条曲线的端点。

●●【匹配端点曲率】 用于根据另一条曲线端点的曲率来设定所选择的样条曲线的端点曲率。选择该选项后，选择要设定的样条曲线的端点，再选择另一条曲线的端点。

●【约束】 该功能主要通过约束极点的移动或样条曲线的形状，来控制样条曲线的形状。其中包括6个约束选项：

●●【在曲线平面上】 该选项不施加任何约束。

●●【端点斜率】 该选项用于在保持样条曲线端点斜率不变的情况下，调整选定极点附近的样条曲线形状。该约束只对样条曲线起始的两个极点和结束的两个极点的移动有约束作用。

●●【终点曲率】 该选项用于在保持样条曲线端点曲率不变的情况下，调整选定极点附近的样条曲线形状。该约束只对样条曲线起始的三个极点和结束的三个极点的移动有约束作用。

●●【沿方向】 该选项用于拖动极点的时候沿着所定义方向拖动，只有在定义拖动方向被定义后才被激活。

●●【在一个平面上】 该选项用于拖动极点的时候沿着定义拖动平面拖动，只有在定义拖动平面被定义后才被激活。

●●【在视图平面上】 该选项用于在光标所示平面上拖动极点。

（3）更改斜率。用于改变定义点的斜率。选择该选项，弹出如图2-77所示的对话框，先选择定义点，再选择定义斜率的方法，然后设定图2-77中的各个参数。

●【偏差】 用于输入检查样条曲线和定义点之间检查偏差的方式，有【根据矢量】、【根据记号】和【无】3种方式。

●【阈值】 用于输入检查样条曲线和定义点之间偏差的极限值。

（4）更改曲率。用于改变定义点的曲率。选择该选项，弹出如图2-78所示的对话框，先选择定义点，再选择定义曲率的方法，然后设定图 2-78 中的各个参数。

（5）更改阶次。用于改变样条曲线的次数。对于单节段样条曲线，可以增加或减少其曲线次数；对于多节段样条曲线，则只能增加其曲线次数。增加曲线次数，样条曲线的形状不会改变；降低曲线次数，则样条曲线的形状与原曲线会有所改变。选择该选项，会弹出如图 2-79 所示的对话框，提示用户改变次数会丢失原有的数据，因此要求系统确认。单击【是】按钮，系统弹出如图 2-80 所示的对话框，在对话框中输入新的曲线次数即可。

图 2-77 【更改斜率】对话框

图 2-78 【更改曲率】对话框

图 2-79 【更改阶次】警告对话框

图 2-80 【更改阶次】对话框

（6）移动多个点。本功能允许修改样条曲线的一个节段而不影响曲线的其他部分。选择该选项后，在样条曲线上依次设定需要修改节段的起始点和终止点；在该节段里设定第一个位移点，再设定第一个位移点的移动方式，然后设定第一个位移点的位移值；然后按照同样的方法设定第二个位移点。系统按照上述的设定移动选定的节点，并不影响其他节段的形状，并且移动节段后两端点位置保持不变。

（7）更改刚度。该选项用于在保持原样条曲线极点数不变的情况下，通过改变次数来修改样条曲线的形状。该操作同样会丢失原来的定义数据和关联性，若需要修改则单击【确定】按钮。增加样条曲线的次数可以增加刚性；减少次数，样条曲线刚度会降低。

（8）拟合。该选项用于修改样条曲线定义所需的参数，以改变曲线的形状。选择该选项后，系统弹出如图 2-81 所示的对话框，选择拟合方法后，再设定参数，按照系统提示完成即可。

（9）光顺。该选项用于编辑光滑样条曲线。选择该选项后，系统弹出如图 2-82 所示的对话框。在该对话框中分别设定源曲线和约束选项，然后在阈值文本框中和分段文本框中输入各点许可的最大移动量和欲改变的节段数，再选择近似选项来更新样条曲线的节段数，最后进行光顺操作。

图 2-82 所示对话框中各选项说明如下：

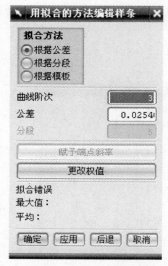

图 2-81　拟合对话框

图 2-82　【光顺样条】对话框

- 【源曲线】　该选项包含【原先的】和【当前】样条曲线两项。在操作时确认是用原来样条曲线的斜率和曲率还是用当前样条曲线的斜率和曲率。
- 【分段】　该选项用于设置样条曲线的光滑操作的节段数。输入节段数后，单击【近似】按钮即可。
- 【近似】　该选项用于执行近似光顺化样条曲线。单击此按钮后，样条曲线会比原样条曲线更加光滑。
- 【约束】　该选项提供两种约束方法：
-- 【匹配端点斜率】　该方法用在样条曲线光顺化时，使样条曲线端点斜率符合原来的样条曲线端点斜率。
-- 【匹配端点曲率】　该方法用在样条曲线光顺化时，使样条曲线端点曲率符合原来的样条曲线端点曲率。
- 【阈值】　该文本框用于设定光顺操作时，曲线上各点可移动的最大距离。
- 【光顺】　该选项用于自动对样条曲线所有点进行光顺化操作。

2.2.6　曲线长度

选择菜单命令【编辑】→【曲线】→【长度】或单击图标，弹出如图 2-83 所示的【曲线长度】对话框。通过该对话框，可以增加或缩短曲线的长度。选择要改变弧长的曲线，选中【增量】选项时，在选择的端点（起始或结束）的文本框中加入或减少长度的值，曲线会从相应的端点加入或减少长度值。选中【全部】选项时，在【全部】长度文本框中输入适当的值，该值为曲线的总长。【关联】一栏有 4 个选项：【保持】保留原先的曲线,【隐藏】隐藏原先的曲线,【删除】删除原先的曲线,【替换】取代原先的曲线。

2.2.7 分割曲线

选择菜单命令【编辑】→【曲线】→【分割】或单击图标 ∫,弹出如图 2-84 所示的【分割曲线】对话框。系统提供了 5 种分割方式,下面分别介绍。

图 2-83 【曲线长度】对话框

图 2-84 【分割曲线】对话框

1. 等分段

该方式用于将曲线均匀分段。单击该按钮,提示选择想均匀分段的曲线后,弹出如图 2-85 所示的对话框,设置均匀分段方式和数目,单击【确定】按钮即可。对话框中各选项说明如下:

●【等参数】 以图元的参数性质均匀等分。在直线上为等分线段,在圆弧及椭圆上为等分角度,在样条曲线上以其极点为中心等分角度。

●【等圆弧长】 根据图元的弧长均匀等分。

●【段数】 此文本框用来设置曲线均匀分段的节段数目。

2. 按边界对象

该方式是利用边界对象将曲线分割。单击该按钮,选择想按边界对象分段的曲线后,系统弹出如图 2-86 所示的对话框,选取点、直线、平面或表面作为边界对象,并依此边界对象将曲线分段。

3. 圆弧长段数

该方式利用定义各节段的弧长来分割曲线。单击该按钮,选择要按弧长分段的曲线,在打开的弧长对话框中输入弧长后,会出现如图 2-87 所示的对话框,显示能分割的节段数和剩余部分值。在确定其节段数目及剩余值后,单击【确定】按钮即可。

4. 在结点处

该方式是利用样条曲线的节点将样条曲线分割成多个节段。单击该按钮,选择要分段的样条曲线,系统弹出如图 2-88 所示的对话框,可选择其中一种方法进行分割。

图 2-85 【等分段】对话框

图 2-86 【按边界对象】对话框

5. 在拐角上

该方式是在拐角点分割样条曲线。

图 2-87 【圆弧长段数】对话框

图 2-88 【在结点处】对话框

2.2.8 修剪角

选择菜单命令【编辑】→【曲线】→【修剪角】或单击图标 ┼，弹出如图 2-89 所示的【修剪角】对话框。它主要用于修剪两条不平行曲线在其交点形成的拐点。

图 2-89 【修剪角】
对话框

修剪拐点时，使光标位于欲修剪的角部位，然后单击鼠标左键，则角部被修剪。修剪的部位会因光标位置的不同而有所差异。

2.2.9 拉长曲线

选择菜单命令【编辑】→【曲线】→【拉长】或单击图标 ，弹出如图 2-90 所示的【拉长曲线】对话框。该对话框用来拉伸或移动图元。当选择图元端点时，其功能为延伸图元；当选择图元端点以外的位置时，其功能为移动图元。

首先在绘图区中直接选取需要编辑的图元，在图 2-90 所示的对话框中设定移动或拉伸的距离。其中移动或拉伸的方向或距离可以通过在 XC 增量、YC 增量、ZC 增量文本框中输入沿 XC、YC、ZC 三个坐标方向移动或拉伸的位移即可；或者通过点到点选项，设定一个参考点，设定一个目标点，则系统以该参考点至目标点的方向和距离作为移动或拉伸的方向和距离。

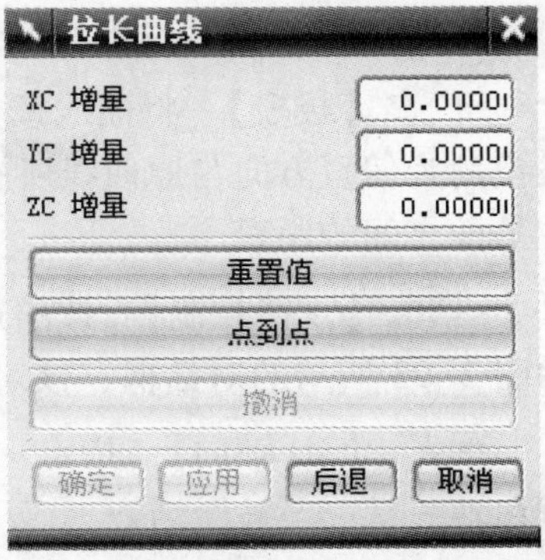

图 2-90 【拉长曲线】对话框

2.3 曲线操作

通过曲线操作方法建立的曲线与原曲线具有相关性，并且新曲线以特征的方式存在，可以进行编辑和修改。曲线操作的主要内容有偏置、桥接、简化、连接、投影、交线等，下面分别介绍。

2.3.1 曲线偏置

选择菜单命令【插入】→【来自曲线集中的曲线】→【偏置】或单击图标 ，弹出如图 2-91 所示的【偏置曲线】对话框，提示用户直接在图上选取偏置对象。

选定好曲线后，系统会弹出如图 2-92 所示的【偏置曲线】对话框，同时在所选择的曲线上出现一箭头，该箭头方向为偏置方向。如果偏置方向相反，则单击对话框中的【反向】按钮。

图 2-91 选取偏置对象对话框

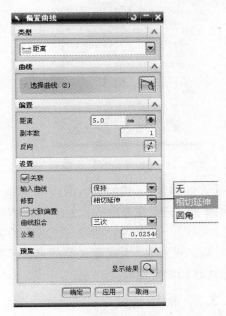

图 2-92 【偏置曲线】对话框

对话框中各主要功能设置如下。

● 【类型】 该选项用于设置曲线的偏置方式。有以下 4 种方式：

•• 【距离】 输入一个偏置距离值，在同一个平面上产生一条等距线。

•• 【拔模】 将曲线按指定的拔模角偏置到与曲线所在平面相距拔模高度的平面上。拔模角为偏置方向与原曲线所在平面的法线夹角。拔模高度为原曲线所在平面与偏置后所在平面之间的距离。

•• 【规律控制】 按照规律曲线控制偏置距离来偏置曲线。选择该项，系统会弹出如图 2-93 所示的对话框，该对话框在 2.1.8 节中已经介绍过了。

•• 【3D 轴向】 指定一个 3D 偏置值和一个 3D 轴矢量。单击该选项，系统 3D 偏置值和轴矢量选项被激活。

• 【修剪】 该选项用于设置偏置曲线的裁剪方式。

•• 【无】 偏置以后曲线既不延伸又不彼此裁剪或者倒圆角，如图 2-94（a）所示。

•• 【相切延伸】 偏置以后曲线延伸到相交点，如图 2-94（b）所示。

•• 【圆角】 在两条偏置曲线之间加入一条圆角曲线，如图 2-94（c）所示。

图 2-93 【规律控制】对话框

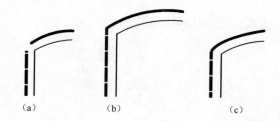

图 2-94 裁剪处理

• 【大致偏置】 控制偏置曲线的延伸方式。偏置曲线切向实际延伸距离等于偏置距离乘延伸因子。只有在修剪方式处于延伸相切方式时该选项才有效。

• 【关联】 控制偏置曲线与原曲线的关联性。

• 【输入曲线】 生成偏置曲线后，原曲线可以保留、隐藏、删除和替换。所谓替换是将原曲线移到偏置曲线处。

2.3.2 曲线桥接

选择菜单命令【插入】→【来自曲线集的曲线】→【桥接】或单击图标 ，弹出如图 2-95 所示的【桥接曲线】对话框。它可以在两条位置不同的曲线之间补充一段曲线，并与两条曲线光滑连接。

●【连续性】 桥接曲线与两条曲线在连接处可以设定相切连续或曲率连续。G1 相切连续时，生成的曲线是 3 次样条；G2 曲率连续时，生成的曲线是 5 次或 7 次样条。

不同的连接条件其曲线的形状也不同。在两条曲线连接处的位置可以通过【开始】、【终点】切换，通过控制滑尺移动箭头，利用【U 向百分比】控制，在滑尺中的值是曲线长度的百分比的值。

在连接点相切有两个方向，用户通过【方向】的【反向】选择其中一个方向。

●【形状控制】

··【相切幅值】切矢的长度可以作为调整曲线的一个因子，通过调整不同曲线的切矢长度，改变曲线的形状。

··【深度和歪斜】桥接深度是控制曲率对曲线形状的影响，图 2-96 所示为不同桥接深度值对曲线形状的影响。

曲线的歪斜是指曲率沿曲线转动的变化率，即曲线在空间的扭曲程度。歪斜控制最大曲率位置，图 2-97 所示为不同桥接歪斜对桥接曲线的影响。

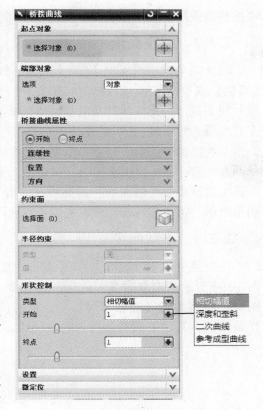

图 2-95 【桥接曲线】对话框

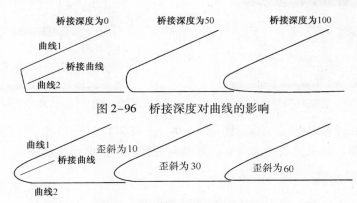

图 2-96 桥接深度对曲线的影响

图 2-97 歪斜对曲线的影响

··【二次曲线】 主要通过 Rho 值调整曲线的丰满程度而改变曲线形状。

下面以简单桥接不带调整的曲线为例，来说明操作步骤。

（1）选择菜单命令【插入】→【来自曲线集的曲线】→【桥接】或单击图标 ，弹出如图 2-95 所示的【桥接曲线】对话框。

（2）选择连接处连续条件：相切/曲率。

（3）选择形状控制之一：相切幅值/深度和歪斜/二次曲线。

（4）在选择步骤中起点对面与端部对面的【选择对象】依次选择曲线 1、曲线 2，立即产生初始桥接曲线。如果需要调整，可以在对话框中选择相应的项。

2.3.3 曲线简化

选择菜单命令【插入】→【来自曲线集的曲线】→【简化】或单击图标，弹出如图 2-98 所示的【简化曲线】对话框。简化曲线的功能是把所选择的曲线分解成若干直线段和圆弧段。

系统提供了保留、删除和隐藏 3 种方式。用户在选择一种方式后，系统弹出选择曲线对话框，要求用户在绘图区依次选择要简化的曲线。选择后，单击【确定】按钮，则系统用一条与其逼近的曲线来拟合所选择的曲线。

图 2-98 【简化曲线】对话框

2.3.4 连结曲线

选择菜单命令【插入】→【来自曲线集的曲线】→【连结】或单击图标，弹出如图 2-99 所示的选取曲线对话框。选择要合并的各段曲线，单击【确定】按钮，弹出如图 2-100 所示的【连结曲线】对话框。该对话框的功能是把若干曲线段连接成一条单一样条曲线，其结果或者是逼近的多项式，或者是精确表示曲线的一般样条。

图 2-99 选取曲线对话框

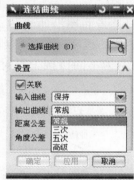

图 2-100 【连结曲线】对话框

对原曲线的处理可以保留/隐藏/删除/替换，还可以控制结果曲线和原曲线是否关联，通过关联输出控制。如果关联输出为√，则删除曲线和替换曲线不能用。

2.3.5 投影曲线

投影是将曲线、点投影到指定的面上，包括曲面、平面、基准面等。

选择菜单命令【插入】→【来自曲线集的曲线】→【投影】或单击图标，弹出图 2-101 所示的【投影曲线】对话框。

1. 对话框功能介绍

•【指定平面】 曲线将投影到这个平面上，可以选择已有平面，还可以是平面构造器构造的新平面。

•【投影方向】 定义投影方向。指定沿什么方向对输入曲线投影，有如下 5 种方式：

••【沿面的法向】 选择投影面的法矢作为投影方向。

•·【朝向点】 曲线沿一个点向投影面投影。

•·【朝向直线】 曲线沿一条直线向投影面投影。

•·【沿矢量】 沿一个指定的矢量投影，可以是单向投影或双向投影。

•·【与矢量所成的角度】 指定矢量，输入一个角度，沿角度投影。

●【输入曲线】 确定投影曲线与输入曲线的关系，有保持/隐藏/删除/替换4种。

●【曲线拟合】 有三次/五次/高级3种。

●【连接曲线】 曲线合并方式，有否/三次/常规/五次4种。

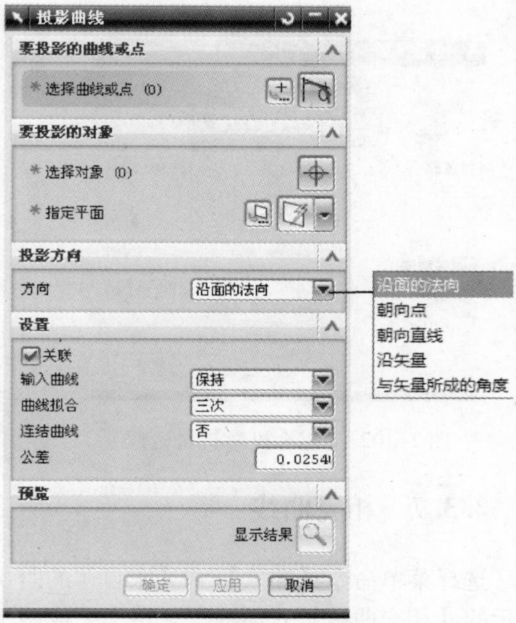

2. 投影曲线的步骤

（1）选择菜单命令【插入】→【来自曲线集的曲线】→【投影】或单击图标 。

图 2-101 【投影曲线】对话框

（2）通过图标 选取欲投影的曲线或者点。

（3）单击【指定平面】选项，选取表面或者平面作为投影面，或者通过定义一个临时平面。

（4）选择投影曲线复制方法：保持/隐藏（关联开关触发）。

（5）选择【投影方向】，并根据所选的方法，按照提示确定投影方向。

（6）单击【确定】按钮。

2.3.6 曲线组合投影

选择菜单命令【插入】→【来自曲线集中的曲线】→【组合投影】或单击图标 ，弹出如图 2-102 所示的曲线【组合投影】对话框。它用于将两条曲线沿不同的方向投影，相交后合成曲线。

曲线组合投影操作步骤如下。

（1）选择第一曲线串，单击第二曲线串图标，选择第二曲线串。

（2）单击第一投影矢量图标，指定一个投影矢量，该矢量指定了第一条曲线投影的方向。

（3）单击第二投影矢量图标，指定一个投影矢量，该矢量指定了第二条曲线投影的方向。

（4）打开或者关闭【关联输出】选项，从而控制生成曲线与原曲线是否相关。

（5）通过【输入曲线】选项来设置原曲线串的保留方式。对于相关性曲线有保留、隐藏两种方式；对于非相关曲线有保留、隐藏、删除和替换4种方式。

（6）单击【确定】按钮，完成操作。曲线组合投影的例子如图 2-103 所示。

图 2-102 【组合投影】对话框

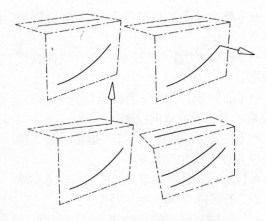

图 2-103 曲线组合投影示例

2.3.7 相交曲线

选择菜单命令【插入】→【来自体的曲线】→【求交】或单击图标 ，弹出如图 2-104 所示的【相交曲线】对话框。它用于生成两组对象的交线，各组对象可分别为一个表面、一个参考面、一个片体或者一个实体。

曲线相交操作步骤如下：

（1）选择对话框第一组选择面选项，再选择第一组对面。

（2）选择对话框第二组选择面选项，再选择第二组对面。

（3）根据需要设置距离公差等参数。

（4）单击【确定】按钮，完成操作。曲线相交的例子如图 2-105 所示。

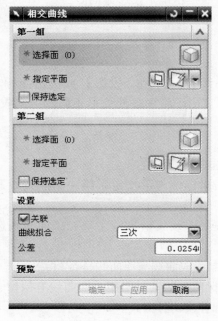

图 2-104 【相交曲线】对话框

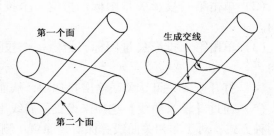

图 2-105 曲线相交示例

2.3.8 截面曲线

选择菜单命令【插入】→【来自体的曲线】→【截面】或单击图标 ，弹出如图2-106所示的【截面曲线】对话框。该功能是用来设定截面与选定实体或者平面、表面等相交，从而产生平面、表面的交线或者实体的轮廓线。

1. 对话框功能说明

对话框的类型方法栏中共有4种设置方法，其功能如下。

●【选定的平面】 该方式是让用户直接用鼠标选取某平面作为截面。

●【平行平面】 该方式是用于设置一组等间距的平行平面作为截面。选择该项后，可变显示区出现如图2-107所示的对话框。先选定好参考平面，然后分别在步骤距离、开始距离和结束距离文本框中

图2-106 【截面曲线】对话框

输入与参考平面平行的一组平面的相关参数，再单击【应用】或【确定】按钮即可。

●【径向平面】 该方式是用于设定一组等角度扇形展开的放射平面作为截面。选定该方式，步骤对话框变为3个步骤，如图2-108所示。第一个步骤是选择实体；第二个步骤是定义轴线方向，同时在可变显示区出现矢量构造器，用户可以在其中设定一个轴线的方向；第三个步骤是利用点构造器设定一个点作为参考平面上的点，然后在步骤角度、开始角度和结束角度三个文本框中输入相关参数，再单击【应用】或【确定】按钮即可。

图2-107 平行平面待显示区对话框

图2-108 径向平面待显示区对话框

●【垂直于曲线的平面】 该方式是用于设定一个或一组与选定直线垂直的平面作为截面。选定该方式后，可变显示区如图2-109所示。选项【间隔】用于设置截面组之间的间隔方式，如图2-110所示。

2. 操作步骤

（1）选择菜单命令【插入】→【来自体的曲线】→【截面】或单击图标 。

图 2-109 垂直于曲线的平面对话框   图 2-110 沿曲线间隔菜单

（2）在选择步骤中，确定好类型，定义截面。

（3）设置关联输出选项，设定截面曲线的相关性。

（4）选择要剖切的对象 ✛。

（5）定义剖切平面，选择已有平面 ✛，或者指定新的平面 ▣。

（6）单击【应用】或【确定】按钮，完成操作。

2.3.9 抽取曲线

选择菜单命令【插入】→【来自体的曲线】→【抽取】或单击图标 ▮，弹出如图 2-111 所示的【抽取曲线】对话框。该方式用于基于在一个或者多个选择对象的边缘或表面生成曲线，抽取的对象与原曲线无相关性。系统提供了 6 种抽取曲线的方式。

• 【边缘曲线】 该选项用于指定由表面或者实体边缘抽取的曲线。

• 【等参数曲线】 该选项用于在表面上指定方向，并沿着指定的方向抽取曲线。选择该项，弹出如图 2-112 所示的对话框，按照 U、V 参数抽取曲线。

图 2-111 【抽取曲线】对话框   图 2-112 【等参数曲线】对话框

• 【轮廓线】 该选项用于抽取物体的最大轮廓线。

• 【所有在工作视图中的】 该选项用于对视图中的所有边缘抽取曲线，包括边缘曲线、轮廓曲线等。

• 【等斜度曲线】 该选项以相同的角度在物体上抽取曲线。

• 【阴影轮廓】 该选项只抽取物体外轮廓，不包含内部细节。必须先设置【隐藏边不可见】，才能使用。

2.3.10 在面上偏置曲线

选择菜单命令【插入】→【来自曲线集的曲线】→【在面上偏置】或单击图标 ，弹出如图2-113所示的【在面上偏置曲线】对话框。它用于在一表面上由存在的曲线按照一指定距离生成一条沿面的曲线。

进行操作时，首先对图2-113进行设置，再按照系统提示选择原曲线，则在所选表面上会出现一个临时箭头，用以指示偏置的方向，同时跳出距离对话框，提示用户输入偏置距离，输入数值并单击【确定】按钮，即完成该操作。

图2-113 【在面上偏置曲线】对话框

2.3.11 缠绕/展开曲线

选择菜单命令【插入】→【来自曲线集的曲线】→【缠绕/展开】或单击图标 ，弹出如图2-114所示的【缠绕/展开曲线】对话框。它是将平面曲线缠绕在一个圆柱面上，或将圆柱面上的曲线展开在一个平面上。缠绕的条件是展开面与圆锥面、圆柱面、圆台相切。

在操作时，首先单击【选择步骤】中的缠绕面图标 ，确定缠绕对象的表面。在选取的时候，系统只允许选取圆锥面或者圆柱面。选定以后再单击缠绕平面图标 ，此时系统提示用户确定缠绕的平面。在选取的时候，系统要求缠绕平面与缠绕面相切。然后单击曲线图标 ，选择要缠绕（展开）的曲线，单击【确定】按钮，完成操作。缠绕曲线的例子如图2-115所示。

图2-114 【缠绕/展开曲线】对话框

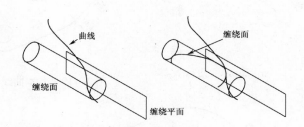

图2-115 缠绕曲线例子

本 章 练 习

请使用UG的基本曲线功能绘制图2-116至图2-121所示图形，单位：毫米。

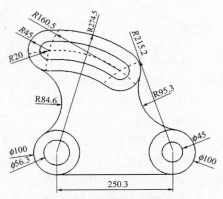

图 2-116　基本曲线练习 1

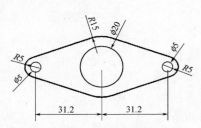

图 2-117　基本曲线练习 2

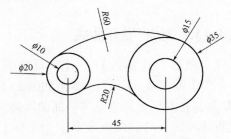

图 2-118　基本曲线练习 3

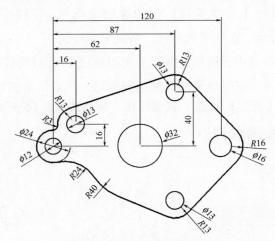

图 2-119　基本曲线练习 4

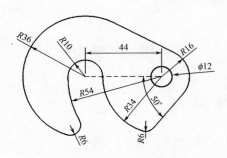

图 2-120　基本曲线练习 5

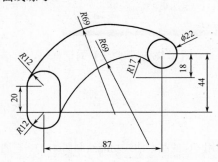

图 2-121　基本曲线练习 6

第3章　草　图

除了前面介绍的有关曲线操作的一些方法，在 UGNX5 中曲线还有一种比较重要的使用方式，就是参数曲线功能，即草图功能。草图与曲线功能中所绘制图形最大的不同是，草图中增加了草图约束的概念，通过修改草图约束就可以改变草图中曲线的图形。应用系统提供的草图曲线工具，用户可以先绘制近似的曲线轮廓，再添加精确的草图约束定义，就可以完整地表达设计意图。建立的草图曲线还可用实体造型工具进行拉伸、旋转等操作，生成与草图相关联的实体模型。当用户修改草图时，所关联的实体模型也会自动更新。草图曲线的主要内容有：建立草图、草图约束、草图操作和草图编辑等。

3.1　建立草图

建立草图的过程主要有建立草图工作平面、建立草图对象、激活草图等三个部分。

3.1.1　建立草图平面

选择菜单命令【插入】→【草图】或单击图标，弹出对话框，在草图工作界面主要有 5 个重要组成部分。

●【创建草图】对话框　用于生成草图平面，选择两种不同类型（在平面上，在轨迹上），出现不同的对话框，如图 3-1 所示。

图 3-1　【在平面上】和【在轨迹上】对话框

● 【草图曲线】工具条 用于画草图曲线，如图 3-2 所示。

图 3-2 【草图曲线】工具条

● 【草图约束】工具条 对草图施加几何约束与尺寸约束，如图 3-3 所示。

图 3-3 【草图约束】工具条

● 【草图操作】工具条 用于草图的操作，如图 3-4 所示。
● 【草图生成器】工具条 用于草图的定位等，如图 3-5 所示。

图 3-4 【草图操作】工具条

图 3-5 【草图】工具条

在如图 3-1a 所示的【创建草图】对话框中，分别单击对话框中平面选项的各个选项如图 3-6 所示，建立需要的草图平面。

（a）【现有的平面】对话框　　　　（b）【创建平面】对话框　　　　（c）【创建基准坐标系】对话框

图 3-6 【创建草图】对话框

● 【草图平面】 选取实体表面或者片体表面作为草图平面，在实体表面或者片体表面出现方向指示。

●● 【现有的平面】 系统直接按照绝对坐标系上的坐标平面生成草图平面，默认的是 XC – YC 平面。

· 62 ·

••【创建平面】定义一个基准平面作为草图平面。

••【创建基准坐标系】定义一个基准坐标系作为草图平面。

•【草图方位】 定义草图平面的水平或者垂直参考。

在如图 3-1b 所示的【创建草图】对话框中，分别单击该对话框中平面方位的各个选项如图 3-7 所示，建立需要的草图平面。

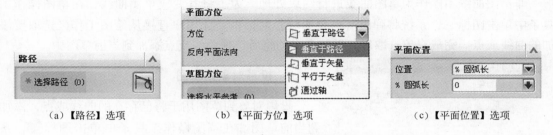

（a）【路径】选项　　　　　　（b）【平面方位】选项　　　　　　（c）【平面位置】选项

图 3-7 【创建草图】对话框选项

•【路径】 选取曲线建立基准平面为草图平面（曲线至少 G1 连续）。

•【平面方位】 选取实体表面或者片体表面作为草图基准平面，在实体表面或者片体表面出现方向指示。有以下 4 种方式：

••【⚏垂直于路径】建立通过曲线某一点，并且正交于曲线的草图基准平面。

••【⚏垂直于矢量】建立通过曲线某一点，并且垂直于某一矢量的草图基准平面。

••【⚏平行于矢量】建立通过曲线某一点，并且平行于某一矢量的草图基准平面。

••【⚏通过轴】建立通过曲线某一点，并且同时通过指定轴的草图基准平面。

•【平面位置】确定基准平面在曲线上点的位置。有以下 3 种方式：

••【圆弧长】以曲线弧长来定义草图基准平面在曲线上的点位置。

••【% 圆弧长】以曲线弧长百分比来定义草图基准平面在曲线上的点位置。

••【通过点】以某一个点来定义草图基准平面在曲线上的点位置。

3.1.2　建立草图对象

建立草图对象的方法有几种，可以在草图中直接绘制草图曲线或点，也可以添加绘图工作区存在的曲线或点到草图中，还可以从实体或片体中抽取对象到草图中去。

1. 直接绘制草图曲线

利用图 3-2 所示的草图曲线工具条，在草图中直接绘制草图曲线，图标轮廓线、直线、圆弧、圆、圆角、矩形和样条曲线等的使用方法与在曲线中的使用方法基本相同，另外几个图标的功能如下。

• ⚏【派生直线】 该图标的功能是在现有直线的基础上，通过偏置建立直线，新建的直线与原直线平行。

• ⚏【快速裁剪】 该图标的功能是可以快速删除曲线，对于相交曲线，系统将曲线在交点处自动打断。在【编辑】菜单中可以找到该选项。

• ⚏【快速延伸】 该图标的功能是将曲线快速延伸至某对象。在【编辑】菜单中也可以找到该选项。

在建立草图曲线时，不必在意尺寸是否准确，只需绘出近似的轮廓曲线即可。草图的准确尺寸、形状、位置可以通过尺寸约束、几何约束和定位约束来确定。

2. 添加对象到草图

非草图曲线不能作为草图曲线进行约束处理。为了将其变成草图曲线，在草图操作工具条中单击图标 ，系统将弹出【对象选取】对话框，让用户直接从绘图工作区选取要添加的曲线或点。完成对象选取后，系统会自动将所选择曲线或点添加到当前草图中。

图3-8 【投影曲线】对话框

- 【样条段】 用多段样条表示。
- 【单个样条】 用单段样条表示。

3. 投影对象到草图

投影对象到草图用于将已存在的曲线或点，添加到当前草图。在草图操作工具条中单击图标 ，系统将弹出如图3-8所示的对话框。在提取对象时，先在输出类型选项中设置提取后曲线的种类，然后设置公差，最后单击【确定】按钮，则所选择的对象按照垂直于草图工作平面的方向投影到草图中。

输出类型表达的意义是：

- 【原先的】 使用原曲线的表达形式。

3.1.3 激活草图

当建立多个草图之后，只能对其中一个草图进行编辑，因此需要选择要编辑的草图或在草图之间进行切换。激活草图的方法有两种：

（1）在屏幕中选取草图曲线。

（2）在如图3-9所示的工具条中选择草图名。

如果工作部件中存在草图，则在图3-9中会列出存在的草图名称，可以在列表框中激活草图，并对草图进行编辑。

图3-9 激活草图工具条

3.2 草图约束和定位

草图对象建立以后，需要对草图对象进行约束和定位，主要包括几何约束和尺寸约束两种。草图约束工具条见图 3–3 所示。

3.2.1 建立几何约束

几何约束用于定义建立的草图对象的几何特性（如直线的水平和竖直）及两个或两个以上对象间的相互关系（如两直线垂直、平行，直线与圆弧相切等）。在建立草图曲线后，单击图标，选择需要进行几何约束的对象曲线，系统将弹出如图 3–10 所示的图标，选择适合的定义方式，建立几何约束。

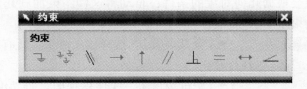

图 3–10　几何约束图标

1. 约束类型

不同的草图对象，可以添加不同的几何约束类型。

- 　【固定的】　根据所选对象不同其作用也不同，如下所述。

点：固定其所在位置。

直线：固定其角度。

直线、圆弧和椭圆弧：固定其端点位置。

圆弧中心、圆的中心、椭圆弧中心和椭圆中心：固定其中心位置。

圆弧和圆：固定其半径和中心点位置。

椭圆弧和椭圆：固定其半径和中心点位置。

样条曲线控制点：固定其控制点。

- 　【完全固定】　所选择对象满约束。

- 　【重合】　定义两个或两个以上的点位置重合。

- ◎　【同心】　定义两个或两个以上的圆弧或椭圆弧的圆心同心。

- ＼　【共线】　定义两条或两条以上直线共线。

- ↑　【曲线上的点】　定义点位于曲线上。

- ┝　【中点】　定义点为直线或圆弧的中点。选择直线或圆弧时不要选择端点。

- →　【水平】　定义直线水平。

- ↑　【竖直】　定义直线竖直。

- ∥　【平行】　定义两条或两条以上直线彼此平行。

- ⊥　【垂直】　定义两条或两条以上直线相互垂直。

- ○　【相切】　定义两个对象相切。

- ＝　【等长度】　定义两条或两条以上直线长度相等。

- ⌒　【等半径】　定义两条或两条以上圆弧半径相等。

- ↔ 【固定长度】 定义直线为某固定长度。
- — 【固定角度】 定义直线为某固定角度。

此外还有线串上的点、镜像、曲线的切矢、均匀比例和非均匀比例等约束类型。

2. 约束方法

（1）自动创建约束。自动创建约束是系统用选择好的几何类型，根据草图对象间的关系，自动添加相应的约束到草图对象上的方法。单击【自动约束】图标，弹出如图3-11所示的对话框，系统会根据几何对象的条件，自动将这些约束加到几何对象上。使用自动约束可以大大提高约束效率。

图3-11 【自动约束】对话框

- 【全部设置】 选择该项时，将所有的约束类型全部选中并打开。
- 【全部清除】 选择该项时，将所有的约束类型全部关闭，让用户重新选择。
- 【设置】有以下两种方式：
- • 【距离公差】该选项将限制选取点之间相距的最大距离，在系统自动产生几何约束时，只有在公差范围内的草图图像才会受所选的几何约束的限制。
- • 【角度公差】当应用水平、竖直、平行和垂直等几何约束类型时，它将限制直线的水平、竖直、平行和垂直的相差角度公差。例如，角度公差为"3"，则当两条直线的角度小于"3"时，系统就会自动添加平行约束；如果角度大于"3"，系统将保持原有关系，不产生几何约束。

（2）手工添加约束。手工添加约束是对所选对象指定某种约束的方法。单击图标进入几何约束操作后，系统会提示用户选择要产生约束的几何对象。这时，可在绘图区里选择一个或多个草图对象，所选对象在绘图工作区高亮显示，此时会弹出类似如图3-10所示的约束工具条，在其中选择一个或几个约束类型，系统将添加指定类型的几何约束到所选择的草图对象上去，同时草图对象上的一些自由度符号因新建立的约束而消失。

3. 显示/移除约束

对草图施加的几何约束，可以查询，也可以修改。如果需要修改，必须先移除已有约束，再增加新的约束。单击图标，弹出如图3-12所示的对话框，按步骤设置【显示/移除约束】选项。

- 如果要显示单个对象的几何约束，选择第一个【选中的对象】，在图形区单击要【显示/移除】的几何对象，相应的对象名及约束显示在列表框中，并在图形区以相应的符号显示在几何对象上。如果要显示多个对象的约束，选择第二个【选中的对象】。如果要显示当前激活草图上的所有对象的几何约束，选择【所有在激活的草图中的】，所有的几何对象和约束就都显示在列表框中。

● 列表框中可以有选择地列出约束，在【约束类型】中指定某种约束，例如，只显示水平约束，列表框中只列出所有的水平约束。如果要列出除水平约束外的其余所有约束，在选择【水平的】后，再选择【除外】，则列表框中列出全部约束，但不包括水平约束。

● 如果要删除某个约束，则在列表框中选择要删除的几何约束，再选择【移除高亮显示的】。

● 如果要删除列表框中的所有约束，选择【移除所列的】。

● 如果要查询约束信息，选择【信息】。

● 最后单击【确定】按钮。

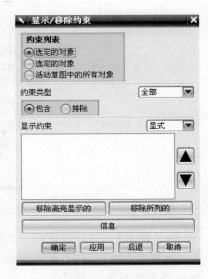

图 3-12 【显示/移除约束】对话框

3.2.2 建立尺寸约束

尺寸约束用于定义草图对象的大小和形状等。尺寸约束中的尺寸是表达式的值，可修

图 3-13 【尺寸】对话框

改，尺寸可以驱动图形，使设计的图形按照尺寸变化。单击图标，弹出如图 3-13 所示的对话框。尺寸标注方式位于对话框可变显示区的上部，其中包括了自动判断、水平、垂直、平行、角度等 9 种标注方式选项，每个选项都有其固定的标注方法。此外，利用可变显示区的其他选项，也可以修改尺寸标注线和尺寸值。下面简单说明尺寸标注方式选项。

● 【自动判断】 系统根据选择的对象和光标位置自动选择尺寸约束的类型。

● 【水平】 定义尺寸约束平行于 XC 轴。

● 【竖直】 定义尺寸约束平行于 YC 轴。

● 【平行】 定义两个平行对象间的距离约束。

● 【垂直】 定义点到直线的垂直距离约束。

● 【直径】 定义圆的直径约束。

● 【半径】 定义圆的半径约束。

● 【角度】 沿顺时针方向定义两直线间的角度约束。

● 【周长】 定义所选对象的周长约束。

3.2.3 转化对象

在为草图对象添加几何约束和尺寸约束的过程中，有时会引起约束冲突。删除多余的几何约束和尺寸约束就可以解决约束冲突，这时可以通过转化参考对象的操作来解决。

单击图标，弹出如图 3-14 所示的对话框，通过该对话框可以将草图的几何对象或尺寸转换为参考对象或参考尺寸，还可以将参考对象转换为草图对象。

图 3-14 【转换至/自参考对象】对话框

- 【参考】 选择该选项，系统将所选对象由草图对象或者尺寸转换为参考对象。
- 【活动的】 与参考选项相反，选择该选项，系 2T15 统将所选对象的参考对象激活，转换为草图对象或者尺寸。

3.3 草图操作

草图操作除了上面介绍的草图约束和显示/移除约束外，还有草图镜像、另解和动画模拟尺寸等。

3.3.1 草图镜像

草图镜像是将草图几何对象按一条直线为中心线，进行镜像复制成新的草图对象。单击图标▦，弹出如图 3-15 所示的对话框。在对话框中选择镜像中心线图标，并在绘图工作区选择一条镜像中心线；然后在对话框中选择镜像几何对象图标，并选择镜像的几何对象，最后单击【确定】按钮。

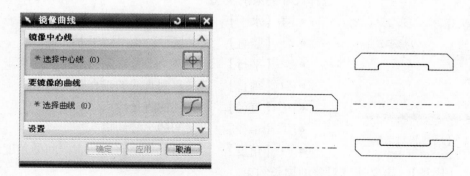

图 3-15 【镜像曲线】对话框

3.3.2 备选解

当约束一个草图对象时，同一约束可能存在多种求解结果，采用另解可以从一种求解结果替换为另一种求解结果。单击图标▦，弹出如图 3-16 所示的对话框，在图形窗口直接选择要替换的对象，所选择的对象直接替换为同一约束的另外一种结果。图 3-17 所示即为备选解的一个实例。

图 3-16 【备选解】对话框

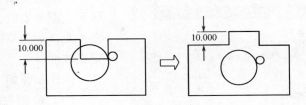

图 3-17 备选解的实例

3.3.3 动画模拟尺寸

动画模拟尺寸是使所选的尺寸在指定的尺寸范围按照一定的步长进行变化，同时动态显示尺寸约束对象及其相关的几何关系。

单击图标 ，弹出如图 3-18 所示的对话框，利用它将用户所选的尺寸及相关几何对象进行动画模拟。用户首先在尺寸表达式列表框或者绘图区选择一个尺寸，然后在对话框中设置该尺寸变化的范围和每一个循环的步长。完成设置后，与此尺寸约束相关的几何对象会在绘图区中动态显示。

图 3-18 【动画】对话框

3.4 草图编辑

3.4.1 编辑定义线串

当草图曲线通过拉伸、旋转等扫描特征生成实体后，如果需要对草图曲线进行修改，使用编辑定义线串非常方便，不需要重新构造实体。

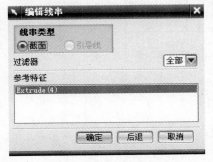

图 3-19 【编辑线串】对话框

激活草图，在【草图名】选择要修改的草图名，单击图标 ，弹出如图 3-19 所示的对话框，用该对话框将曲线、边、表面等几何对象添加到用来形成扫描特征的截面曲线之中，或者从用来形成扫描特征的截面曲线中移除曲线、边、表面等几何对象。

在编辑定义线串时，首先要在图 3-19 所示的对话框中设定要编辑曲线的类型，再在特征列表框中选择与当前草图关联的关联特征，用鼠标左键添加线串，用 Shift + 鼠标左键移除线串。

3.4.2 重新附着草图

图 3-20 【重新附着草图】对话框

为草图曲线重新指定草图平面而不必重构草图，在草图激活后重新指定安放面和水平坐标轴。如果是在实体表面重新安放，在进行重新安放前，要求实体早于草图生成。如果草图已定位，需要先删除定位尺寸然后指定安放面。

操作步骤如下：

（1）单击图标 ▦，弹出如图 3-20 所示的对话框。

（2）在【草图平面】选项指定安放面：实体平面或基准平面。

（3）在【草图方位】选项指定水平或竖直坐标轴为水平轴方向，单击【确定】重新附着平面。

本 章 练 习

3.1　绘制如图 3-21（a）所示的 3210 手机外轮廓草图，单位：毫米。提示：先建立如图 3-21（b）所示的几何约束，添加如图 3-21（c）所示的尺寸约束。

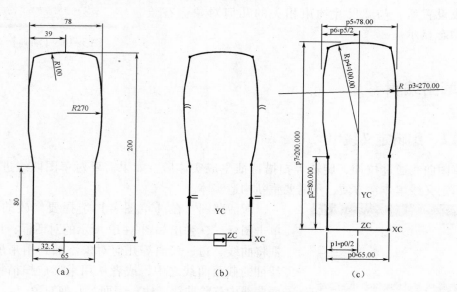

图 3-21　3210 手机外轮廓草图

3.2　绘制如图 3-22（a）所示的法兰草图，单位：毫米。提示：先建立如图 3-22（b）所示的几何约束，再添加如图 3-22（c）所示的尺寸约束。

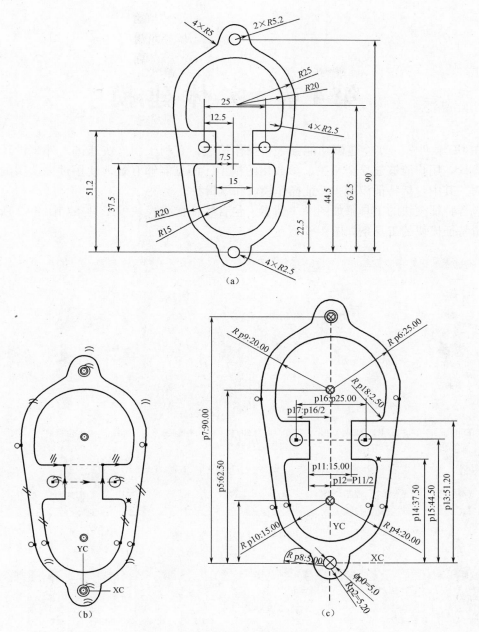

图 3-22　法兰草图

第4章 实体建模

在 UG 软件中，实体建模功能强大，操作简便，有利于用户快速进入外观设计和结构细节设计。用户能够建立全相关、参数化的模型，而且能够有效地使用过去遗留的产品模型数据，其中包括特征模块、特征操作模块和编辑特征模块。

包含特征模块的工具条如图 4-1 所示。包含特征操作模块的工具条如图 4-2 所示。包含编辑特征模块的工具条如图 4-3 所示。

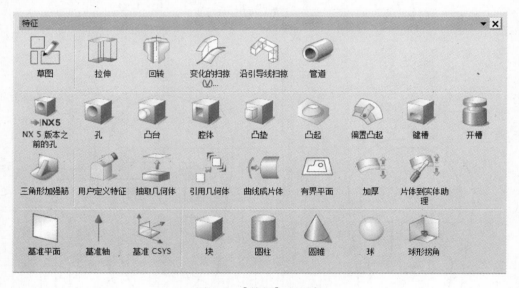

图 4-1 【特征】工具条

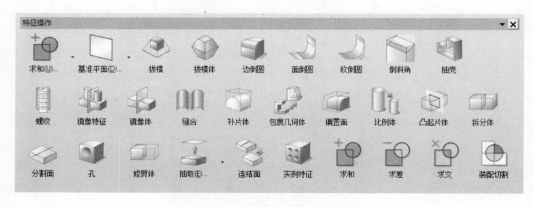

图 4-2 【特征操作】工具条

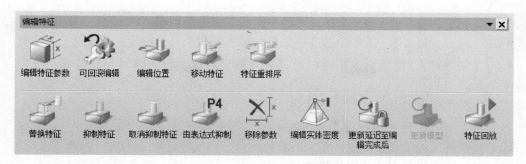

图 4-3 【编辑特征】工具条

4.1 特征

特征主要是基本体素（块、圆柱、圆锥、球），以及孔、凸台、凸垫、键槽、腔体和开槽等。一个体素是基本解析形状的一个实体，它可以用作建模初期的基本形状，再加其他特征操作，建立完整的实体模型。

注意：

（1）体素是参数化的，但是特征间是不相关的，每个体素都是相对于模型空间建立的。

（2）在一个模型中建议只使用一个体特征。

4.1.1 块

选择菜单命令【插入】→【设计特征】→【块】或单击图标 ，弹出如图 4-4 所示的对话框。有如下 3 种方法建立长方体。

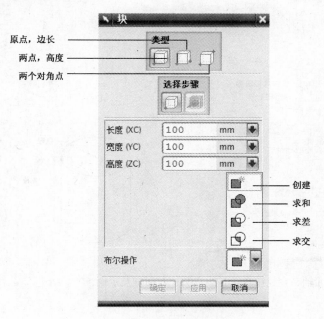

图 4-4 【块】对话框

- 【原点，边长】 该方法通过选择原点和边缘长度来建立长方体。
- 【两点，高度】 该方法通过定义长方形底面两个对角点和高度来建交长方体。
- 【两个对角点】 该方法通过定义空间两个点作为长方体对角线的顶点来建立长方体。

生成块操作步骤如下：

（1）从类型 □□□ 中选择定义方法。

（2）按照所选的定义方法输入相应的参数。

（3）指定块在屏幕上的放置位置。

（4）如果屏幕上存在实体，选择结果形式：创建/求和/求差/求交。如果是求和、求差或求交，还要选择目标体，单击【确定】。

（5）关闭对话框，单击【取消】。

4.1.2 圆柱

选择菜单命令【插入】→【设计特征】→【圆柱】或单击图标 🛢，弹出对话框。可按2种类型建立圆柱，根据所选类型，出现不同的对话框。

- 【轴、直径和高度】 对话框见图4-5所示，该方法通过定义直径和高度来建立圆柱，再用【指定矢量】，确定圆柱的方位，输入直径和高度，使用【指定点】指定圆柱的圆点位置。

- 【圆弧和高度】 对话框见图4-6所示，该方法通过定义高度参数，再选择一个圆弧作为圆柱的底面直径，同时该圆弧确定了圆柱的长度方向。

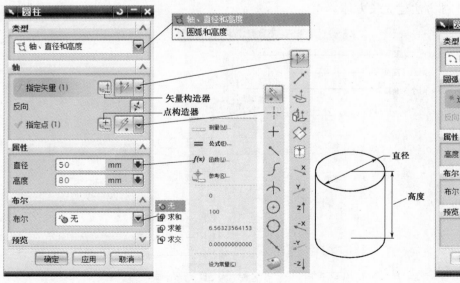

图4-5 【轴、直径和高度】生成圆柱对话框及示例

图4-6 【圆弧和高度】类型生成圆柱对话框

生成圆柱特征操作步骤如下：

（1）选择建立圆柱的类型。

（2）定义圆柱生成的方向。

（3）指定放置圆柱原点的 WCS 坐标系下的位置，并输入圆柱的参数。

（4）选择布尔形式：无/求和/求差/求交。如果是求和、求差或求交，还要选择目标体，单击【确定】。

（5）关闭对话框，单击【取消】。

4.1.3 圆锥

选择菜单命令【插入】→【设计特征】→【圆锥】或单击图标 ，弹出如图 4-7 所示的【圆锥】对话框，利用该对话框可以创建圆锥。建立圆锥有如下 5 种方法。

图 4-7 【圆锥】对话框

• 【直径，高度】 该方法是指定底部直径、顶部直径、高度以及生成方向和位置的创建方法。单击该选项，弹出如图 4-8（a）所示的对话框，确定圆锥生成方向后，出现【圆锥】对话框，分别输入对应的参数，单击【确定】按钮。如果创建的圆锥不是第一个实体，将弹出【布尔操作】对话框，选择一种布尔运算方法，完成创建锥体的操作。

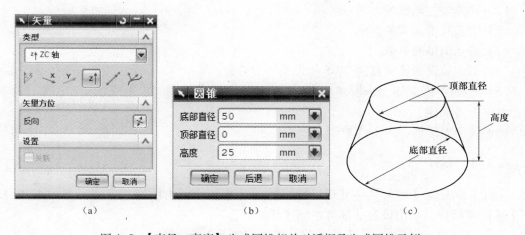

（a）　　　　　　　　　（b）　　　　　　　　　（c）

图 4-8 【直径，高度】生成圆锥相关对话框及生成圆锥示例

• 【直径，半角】 该方法是指定底部直径、顶部直径、半角和生成方向的创建方法。单击该选项，弹出如图 4-8（a）所示的对话框，确定圆锥生成方向后，出现如图 4-9（a）所示的对话框，分别输入对应的参数，单击【确定】按钮。如果创建的圆锥不是第一个实体，将弹出【布尔操作】对话框，选择一种布尔运算方法，完成创建锥体的操作。

• 【底部直径，高度，半角】 该方法是指定底部直径、高度、半角和生成方向的创建方法。单击该选项，确定锥体的轴线方向。然后在弹出的对话框中分别输入对应的参数，单击【确定】按钮。再指定锥体底部中心位置，单击【确定】按钮。如果创建的圆锥不是第一个实体，需选择一种布尔运算方法，完成创建锥体的操作。

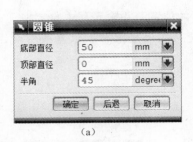
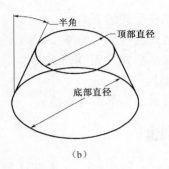

（a） （b）

图4-9 【直径，半角】方法生成圆锥

● 【顶部直径，高度，半角】 该方法是指定顶部直径、高度、半角和生成方向的创建方法。单击该选项，确定锥体的轴线方向。然后在弹出的对话框中分别输入对应的参数，单击【确定】按钮。再指定锥体底部中心位置，单击【确定】按钮。如果创建的圆锥不是第一个实体，需选择一种布尔运算方法，完成创建锥体的操作。

● 【两个共轴的弧】 该方法是指定两个同轴圆弧的方式创建圆锥。单击该选项，选择一条已存在的圆弧作为底圆，则该圆弧的半径和中心点分别作为圆锥的底圆半径和中心。然后以此方法再选择另一条圆弧作为顶圆，完成圆弧选择后，如果创建的圆锥不是第一个实体，需选择相应的布尔运算方法，完成创建锥体的操作。

创建圆锥的步骤如下：

（1）选择建立圆锥的方式。

（2）定义圆锥生成的方向。

（3）输入圆锥的参数。

（4）指定放置圆锥原点的 WCS 坐标系下的位置。

（5）选择结果形式：创建/求和/求差/求交。如果是求和、求差或求交，还要选择目标体，再单击【确定】。

（6）关闭对话框，单击【取消】。

4.1.4 球

选择菜单命令【插入】→【设计特征】→【球】或单击图标◯，弹出如图4-10所示的【球】对话框，利用该对话框可以创建球体。

图4-10 【球】对话框

建立球体有如下2种方法。

● 【直径，圆心】 该方法是指定直径和圆心位置的创建方法。选择该选项，弹出如图4-11所示的对话框，在文本框中输入球的直径后，单击【确定】按钮，弹出点构造器，用于指定圆心位置。

如果创建的球体不是第一个实体，需选择相应的布尔运算方法，完成创建球体的操作。

● 【选择圆弧】 该方法是按指定的圆弧创建球体。选择该选项，弹出如图4-12所示的对话框，选择一条圆弧，则该圆弧的半径和圆心分别作为创建球体的球半径和球心。如果创建的球体不是第一个实体，需选择相应的布尔运算方法，完成创建球体的操作。

图4-11　直径，圆心生成球对话框

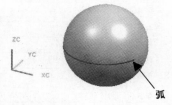

图4-12　选择圆弧生成球对话框

创建球体的步骤如下：

（1）选择建立球体的生成方式。

（2）输入球体的参数。

（3）指定创建球体的圆心点位置。

（4）选择结果形式：创建/求和/求差/求交。如果是求和、求差或求交，还要选择目标体。

（5）关闭对话框，单击【取消】。

4.1.5　拉伸体

拉伸是将一些曲线或封闭曲线指定的方向拉伸成曲面或实体特征，可以对实体或曲面进行相并、相减和相交的操作，也可以设置拉伸角度。

选择菜单命令【插入】→【设计特征】→【拉伸】或单击图标 ，弹出如图4-13所示的【拉伸】对话框。

1. 对话框说明

●【截面线】

●●【选择曲线】使用此项选择用于创建拉伸特征的曲线、边缘几何等。

●● 【草图剖面】　打开草图应用并建立特征内的截面。在退出草图应用后，建立的草图自动地被选为拉伸的截面。

●【方向】

●● 【指定矢量】确定拉伸特征的拉伸方向。有两种选择方式：一种是直接选择拉伸体的反方向 ；另一种是自定义拉伸方向，直接选择【矢量构造器】，弹出【矢量】对话框。

●【极限】　指确定拉伸时的深度值。包括【值】、【对称值】、【直至下一个】、【直至选定对象】、【直到被延伸】、【贯通】等6个选项，如图4-13所示。

●●【值】（深度值）输入一个值确定拉伸深度。

●●【对称值】　根据所输入的值进行对称延伸。

●●【直至下一个】　直接将拉伸体拉伸至下一个特征。

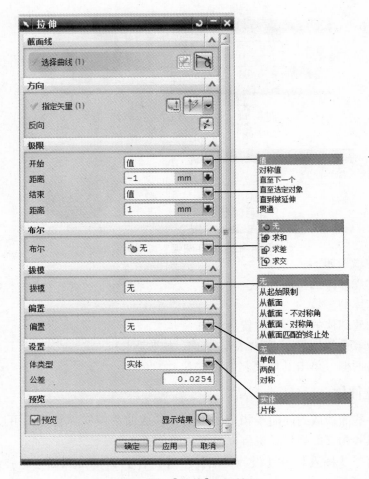

图 4-13 【拉伸】对话框

••【直至选定对象】 将拉伸体拉伸到选定的对象为止。

••【直到被延伸】 将拉伸体从某个特征拉伸到另外某个特征。

••【贯通】 拉伸体贯通所选定的与其相交的全部对象。

•【布尔运算】 在实体与实体间、曲面与曲面或曲面与实体间进行修剪。一共有无、求和、求差和求交 4 种形式。

•【拔模】 设置拉伸体的锥度。包括无、从起始限制、从截面、从截面 – 不对称角、从截面 – 对称角、从截面匹配的终止处等 6 种形式。

•【偏置】 将生成的特征向外、向内或对称偏移一个距离值。

••【单侧】 在轮廓内或外生成一定距离的特征。

••【双侧】 在轮廓内和外生成一定距离的特征。

••【对称】 在轮廓内和外生成相等距离的特征。

•【设置】 规定拉伸特征是一片体或是一实体。为了得到实体，剖面必须为一封闭的外形线串或是带偏置的开口外形线串。

•【预览】 勾选后，在进行参数设置的时候，可以观察到设置参数后的效果。

2. 拉伸体操作步骤

（1）选择要拉伸的轮廓曲线。

（2）选择拉伸深度方式，定义拉伸方向。

（3）输入拉伸参数，单击【确定】按钮。如果屏幕上存在实体，选择结果形式：创建/求和/求差/求交。

图4-14所示为拉伸封闭曲线成为实体的例子。

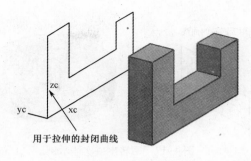

图4-14　拉伸示例

4.1.6　回转

回转是截面绕一个指定的轴旋转生成的实体，而且可以对实体或曲面进行求和、求差或求交的操作。

选择菜单命令【插入】→【设计特征】→【回转】或单击图标，弹出如图4-15所示的【回转】对话框。

选择要回转的几何截面线串，指定回转轴，用点构造器指定回转中心点，输入回转起始角和结束角，单击【应用】或【确定】按钮，即生成回转体。

如果无需要回转的截面线串，可先单击【草图截面】图标，进入草图绘制截面曲线，然后回到建模界面进行回转操作。

如果【偏置】选择为两侧时，图4-15中对话框偏置部分变为如图4-16所示，用于设置截面线串位置的起始位置和终止位置。

回转操作步骤如下：

（1）选择要回转的截面线串。

（2）选择旋转轴方向定义，指定回转参考点。

（3）输入回转起始角和结束角，单击【确定】按钮。

（4）选择结果形式（实体或片体），如果屏幕上存在实体，选择相应的布尔操作。

图4-17所示为回转生成实体示例。图4-18所示为回转生成片体示例。

图4-15　【回转】对话框

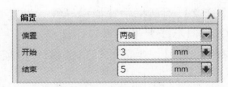

图4-16　回转对话框之【偏置】选项卡

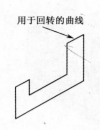
用于回转的曲线

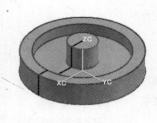

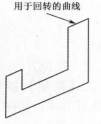
用于回转的曲线

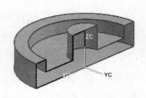

图 4-17　回转生成实体示例　　　　　图 4-18　回转生成片体示例

4.1.7　沿引导线扫掠

　　沿引导线扫掠是指截面线串沿引导线串扫描创建实体，引导线串可以是圆弧、直线和样条等曲线。

　　选择菜单命令【插入】→【扫描】→【沿引导线扫掠】或单击图标，弹出如图 4-19 所示的【沿导引线扫掠】对话框，这时系统提示选择截面线串，选择截面线串后，单击【确定】按钮，继续弹出如图 4-19 所示对话框，这时系统提示选择引导线串，选择引导线串后，单击【确定】按钮，弹出如图 4-20 所示的【沿导引线扫掠】对话框，输入偏置值，单击【确定】按钮，生成管状实体，如图 4-21 所示。

图 4-19　【沿导引线扫掠】对话框　　　　图 4-20　【沿导引线扫掠】对话框

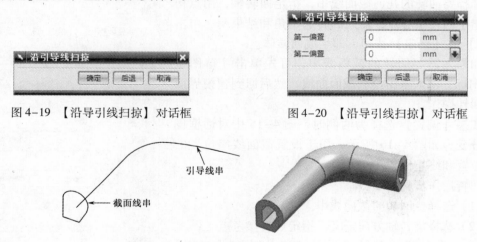
引导线串

截面线串

图 4-21　沿导引线扫掠示例

4.1.8　管道

　　选择菜单命令【插入】→【扫掠】→【管道】或单击图标，弹出如图 4-22 所示的【管道】对话框，利用该对话框可以构造管道。

　　构造管道操作步骤如下：

　　（1）在图 4-22 所示的【管道】对话框中选择引导线，设置管道的参数。管道外直径必须大于零，内直径可以等于零，但不能大于或等于外直径。

　　（2）设置输出类型，选择【多段】，生成的管道由多段组成。选择【单段】，生成的管道只有一段。

　　（3）如果屏幕上存在实体，选择相应的布尔操作。单击【确定】按钮，生成沿引导线的管道。

图 4-23 所示为沿一条引导曲线生成的管道。

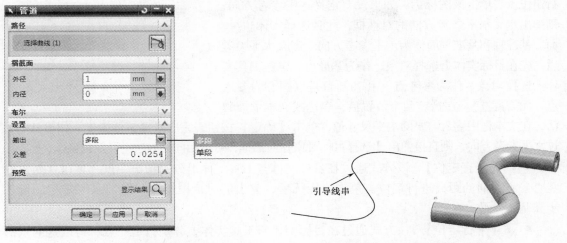

图 4-22 【管道】对话框

图 4-23 沿引导线生成管道

4.1.9 孔

选择菜单命令【插入】→【设计特征】→【孔】或单击图标![icon]，弹出如图 4-24 所示的【孔】对话框，利用该对话框可以构造孔。孔的类型有如下 3 种。

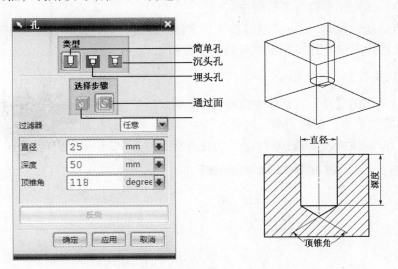

图 4-24 【孔】对话框及示例

1. ![icon]【简单孔】

选择简单孔，设置好孔的参数，如图 4-24 对话框中部所示，选择基准平面或实体表面作为孔的放置面，单击【确定】按钮，生成未定位的孔，弹出孔的定位对话框，如图 4-25 所示。选择适当的定位方法进行定位。

● 【水平定位】 该方式通过在目标实体与工具实体上分别指定一点，再以这两点沿水平参考方向的距离进行定位。当单击该图标后，如果没有定义水平参考方向，则弹出定义水平参考方向的对话框，此时选择实体边缘、面、基准轴和基准平面作为水平参考方向。定义水平参考后，先在目标实体上选择对象，作为基准点；再在工具实体上选择对象，作为参考点（孔和圆台是以圆心为参考点，无需再选）。在指定两个位置后，表达式文本框被激

图4-25 孔【定位】对话框

活，在文本框中输入需要的水平尺寸值，单击【确定】按钮，完成水平定位操作。如果已定义过水平参考方向，则直接弹出【选择目标对象】对话框，可按相同的方法进行定位操作。

● 【竖直定位】 该方式通过在目标实体与工具实体上分别指定一点，再以这两点沿竖直参考方向的距离进行定位。单击该图标后，弹出的对话框操作步骤与水平定位的操作步骤基本一致。

● 【平行定位】 该方式通过在目标实体与工具实体上分别指定一点，再以这两点的距离进行定位。单击该图标，在目标实体选择对象作为基准点，再在被激活的表达式文本框中输入需要的水平尺寸值，单击【确定】按钮，完成平行定位操作。

● 【垂直定位】 该方式通过在工具实体上指定一点，以该点至目标实体上指定边缘的垂直距离进行定位。其操作步骤与平行定位类似。

● 【点到点定位】 该方式通过在工具实体上与目标实体上分别指定一点，使两点进行重合来定位。其操作步骤与平行定位相似。

● 【点到线定位】 该方式通过在工具实体上指定一点，使该点与位于目标实体的一指定边缘重合进行定位。其操作步骤与垂直定位相似。

2. 【沉头孔】

在图4-24所示的【孔】对话框中选择该项，则对话框变为图4-26所示。选择基准平面或实体表面作为放置平面，在各文本框内输入相关参数，确定打孔的方向，单击【确定】按钮，在弹出的定位方式对话框中，按照前面所述方法进行孔的定位，生成沉头孔如图4-26所示。

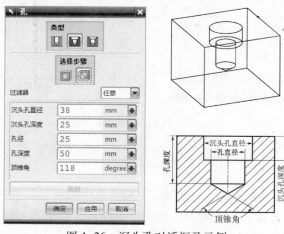

图4-26 沉头孔对话框及示例

3. 📷【埋头孔】

在图4-24所示的【孔】对话框中选择该项，则对话框变为图4-27所示。选择基准平面或实体表面作为放置平面，在各文本框内输入相关参数，确定打孔的方向，单击【确定】按钮，在弹出的定位方式对话框中，按照前面所述方法进行孔的定位，生成埋头孔如图4-27所示。

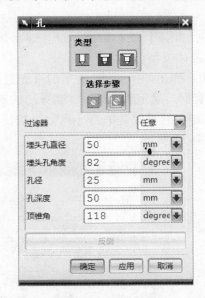 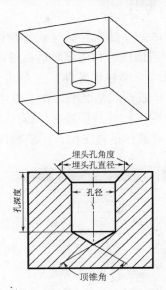

图4-27　埋头孔对话框及示例

- 📷【放置面】　选择一个用于放置孔的平面或基准面。
- 📷【通过面】　如果创建一个通孔，在选择完放置面后，利用此项选择一个通过面。

4.1.10　凸台

选择菜单命令【插入】→【设计特征】→【凸台】或单击图标📷，弹出如图4-28所示的【凸台】对话框，利用该对话框可以构造凸台。

 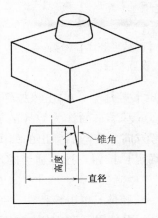

图4-28　【凸台】对话框及示例

凸台操作步骤如下：

（1）指定放置凸台的实体平面或基准平面。

（2）在图4-28所示的【凸台】对话框中输入相应的参数。

（3）选择合适的定位方式，输入定位尺寸。

4.1.11 腔体

选择菜单命令【插入】→【设计特征】→【腔体】或单击图标，弹出如图4-29所示的【腔体】对话框，利用该对话框可以选择腔体类型。

●【圆柱形】（圆柱形腔体）　单击该按钮，弹出如图4-30所示的【图柱形腔体】对话框，选择实体表面或基准平面作为腔体的放置面。确定放置面后，在弹出的图4-31所示的【圆柱形的腔体】参数设置对话框中，输入相应的参数，单击【确定】按钮。选择适当的定位方式，对腔体进行定位，生成腔体如图4-32所示。

图4-29 【腔体】对话框

图4-30 【图柱形腔体】对话框

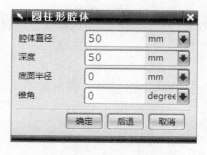

图4-31 【圆柱形腔体】参数
设置对话框

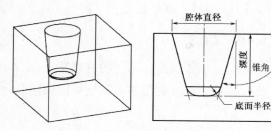

图4-32 【圆柱形腔体】示例

●【矩形】（矩形腔体）　单击该按钮，弹出类似图4-30所示的【图柱形腔体】对话框，选择实体表面或基准平面作为腔体的放置面。确定放置面后，弹出定义水平参考方向对话框，指定参考方向。在随后弹出的如图4-33所示的【矩形腔体】对话框中，输入相应的参数，单击【确定】按钮。选择适当的定位方式，对腔体进行定位，生成腔体如图4-34所示。

●【常规】（一般腔体）单击该按钮，弹出【常规腔体】对话框如图4-35所示。常规腔体在形状和控制方面更加灵活和方便，主要表现在：

•• 放置面可以选择自由曲面，而不要求必须是平面。

图 4-33 【矩形腔体】参数
设置对话框

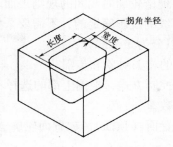

图 4-34 【矩形腔体】示例

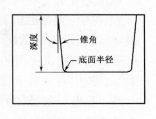

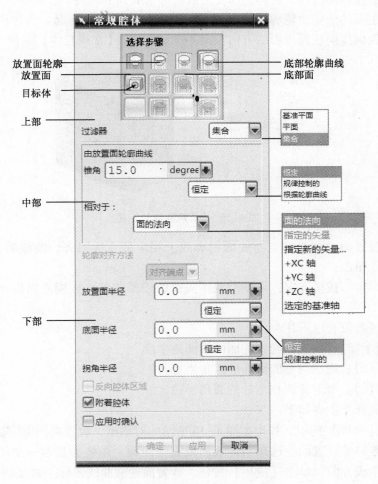

图 4-35 【常规腔体】对话框

•• 可以定义底面，并可选择自由曲面作底面。

•• 腔体的放置面与底面的形状可由指定的封闭曲线来定义，且封闭曲线可以不在放置面或底面上。

•• 可以指定放置面或底面与其侧面的圆角半径。

•• 侧面是在放置面与底面理论轮廓曲线间的规则表面。

•• 腔体的位置是由轮廓曲线的投影确定的，不需要采用前面介绍的定位方法。

图 4-35 所示的对话框可以分为 3 个部分：

上部：指定定义一般腔体的相关对象和步骤。

中部：指定各相应步骤的控制方式，根据上部的选择不同，中间部分的内容是变化的。

下部：设置一般腔体的参数。

上部的选择步骤确定了放置面（顶面）、放置面轮廓、底部面、底面轮廓曲线、腔体依附的目标实体的选择。

选择放置面轮廓线时，若轮廓线不在放置面上，可将其投影到放置面上，但需要指定轮廓线向放置面投影的方向。腔体的深度为放置面与底面的距离。

选择底面主要用于底面轮廓形状与放置面轮廓形状不同的情况。当底面轮廓线不在底面时，应指定轮廓线向底面投影的方向，图 4-36 所示为【常规腔体】示例。

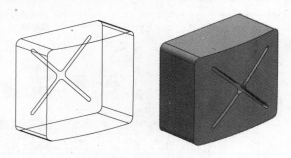

图 4-36　【常规腔体】示例

用于指定放置面轮廓线的点与底面轮廓线上相应的点应对齐，曲线的方向也应一致，否则型腔面可能扭曲。

中部的拔模角与拔模方向：设置沿腔体矢量的拔模角度，拔模方向指相对一个矢量进行拔模。

下部的半径参数有以下几个：

●【放置面半径】：放置面与型腔侧面的圆角半径。

●【底面半径】：底面与型腔侧面的圆角半径。

●【拐角半径】：型腔侧面拐角处的圆角半径。

常规腔体的操作步骤如下：

（1）选择【常规】选项，弹出如图 4-36 所示的对话框，放置面图标█被激活。

（2）选择腔体的放置面。选择实体表面或其他曲面，系统会显示一个箭头方向，该方向表示腔体的生成方向，单击【应用】按钮，放置面轮廓曲线图标█被激活。

（3）选择放置面轮廓曲线。如果腔体需要拔模，可以输入锥角，选择锥角的控制方式；定义拔模矢量，表示从放置面沿矢量方向形成斜面，单击【确定】按钮。

（4）若定义的放置面轮廓线不在选择的放置面上，则应指定放置面轮廓线的投影方向。

（5）底部面图标█被激活，定义底面，单击【确定】按钮。

（6）底面轮廓曲线图标█被激活，如果底面轮廓曲线形状与放置面的轮廓曲线形状不一样，选择作为底面的轮廓曲线。若底面轮廓曲线不在底面上，则应指定投影方向。

（7）若底面是通过平移放置面来定义的，则应指定底面平移方向。

（8）若放置面轮廓和底面轮廓曲线都是采用选择曲线或边定义的，则指定对齐方式。

（9）若轮廓线对齐方式采用指定点对齐，则指定放置面轮廓线对齐点和底面轮廓线对齐点，此时两轮廓线上的对齐点数目必须相同，单击【确定】按钮。

（10）目标实体的图标 被激活，在屏幕上指定一个目标实体。

（11）根据需要输入一般腔体放置面、底面和拐角半径值，单击【确定】按钮。

4.1.12 凸垫

选择菜单命令【插入】→【设计特征】→【凸垫】或单击图标 ，弹出如图 4-37 所示的【凸垫】对话框，利用该对话框可以选择凸垫类型。

●【矩形】 选择该选项，弹出选择放置平面对话框，与创建简单孔时选择放置平面类似，选择凸垫的放置平面，制定水平参考方向。弹出如图 4-38 所示的【矩形凸垫】对话框，输入相应的文本参数，单击【确定】按钮。最后弹出定位方式对话框，按照前述的定位方法，确定矩形凸垫的位置，完成凸垫的创建，如图 4-39 所示。

图 4-37 【凸垫】对话框

图 4-38 【矩形凸垫】对话框

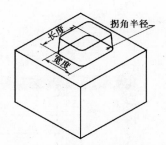

图 4-39 【矩形凸垫】示例

●【常规】 选择该选项，弹出类似于图 4-35 所示的常规凸垫参数对话框。常规凸垫与矩形凸垫相比，在形状和控制方面更加灵活。常规凸垫的放置面可以选择曲面，顶面也可以定义，同时还可以选择曲面作为顶面。其对话框中各图标和各选项的含义与常规型腔对应项相类似，其操作方法也相似，这里不再讨论。

凸垫的操作步骤如下：

（1）选择相应的凸垫形式。

（2）选择凸垫的放置面。

（3）选择水平参考方向。

（4）输入凸垫参数。

（5）定位凸垫。

图 4-40 所示为生成【常规凸垫】示例。

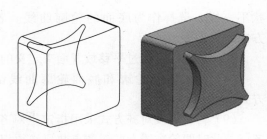

图 4-40 【常规凸垫】示例

4.1.13 键槽

选择菜单命令【插入】→【设计特征】→【键槽】或单击图标，弹出如图 4-41 所示的【键槽】对话框，利用该对话框可以选择键槽类型。

● 【矩形】（矩形键槽） 选择该选项，弹出如图 4-42 所示的【矩形键槽】对话框，选择放置键槽的平面，再弹出如图 4-43 所示的【水平参考】对话框，然后选择水平参考方向，弹出【矩形键槽】参数对话框，如图 4-44 所示，在该对话框的各个文本框中输入相应的参数，单击【确定】按钮，最后进行定位，生成的键槽如图 4-45 所示。

图 4-41 【键槽】对话框

图 4-42 【矩形键槽】对话框

图 4-43 【水平参考】对话框

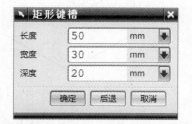

图 4-44 【矩形键槽】参数设置对话框

● 【球形端】（球形键槽） 球形键槽的建模过程与矩形键槽类似，只是输入球形键槽参数的对话框有所不同。图 4-46 所示是球形键槽参数设置对话框，图 4-47 所示是建成的球形键槽。

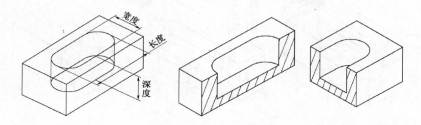

图 4-45　生成矩形键槽

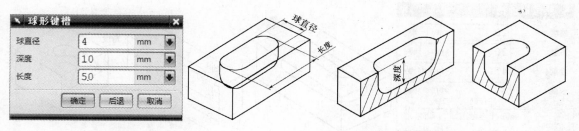

图 4-46　【球形键槽】参数
设置对话框

图 4-47　生成球形键槽

●【U 形键槽】　U 形键槽的建模过程与矩形键槽类似，只是输入 U 形键槽参数的对话框有所不同。图 4-48 所示是【U 形键槽】参数设置对活框，图 4-49 所示是建成的 U 形键槽。

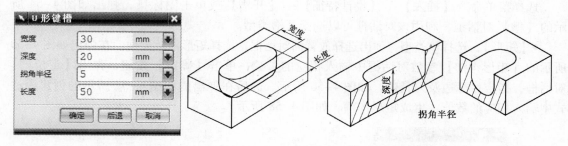

图 4-48　【U 形键槽】参数
设置对话框

图 4-49　生成 U 形键槽

●【T 形键槽】　T 形键槽的建模过程与矩形键槽类似，只是输入 T 形键槽参数的对话框有所不同。图 4-50 所示是【T 形键槽】参数设置对话框，图 4-51 所示是建成的 T 形键槽。

●【燕尾键槽】燕尾键槽的建模过程与矩形键槽类似，只是输入燕尾槽参数的对话框有所不同。图 4-52所示是【燕尾形键槽】参数设置对话框，图 4-53 所示是建成的燕尾键槽。

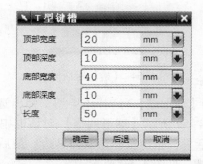

图 4-50　【T 形键槽】参数设置对话框

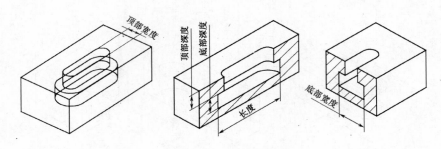

图 4-51　生成 T 形键槽

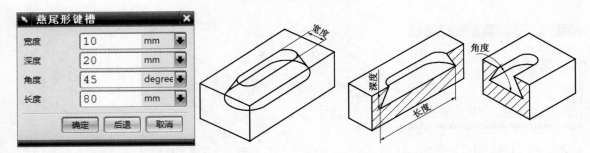

图 4-52　【燕尾形键槽】参数
　　　　设置对话框

图 4-53　生成燕尾形键槽

4.1.14　开槽

选择菜单命令【插入】→【设计特征】→【开槽】或单击图标⬛，弹出如图 4-54 所示的【槽】对话框，利用该对话框可以选择开槽类型。

●【矩形】　选择该类型，弹出选择放置面对话框，选择矩形槽放置面。在弹出如图 4-55 所示的【矩形沟槽】参数对话框中输入相应的参数，单击【确定】按钮，弹出【定位槽】对话框，指定目标边及刀具边，如图 4-56 所示。最后在弹出的如图 4-57 所示的创建表达式中输入相应的数值，生成矩形沟槽，如图 4-58 所示。

图 4-54　【槽】对话框

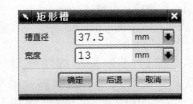

图 4-55　【矩形槽】参数设置对话框

●【球形端】　选择该类型，弹出选择放置面对话框，选择球形沟槽放置面。在弹出的如图 4-59 所示【球形端槽】对话框中输入相应的参数，单击【确定】按钮，弹出沟槽定位对话框，指定目标边及刀具边。最后在弹出的创建表达式中输入相应的数值，生成球形端沟槽，见图 4-60 所示。

●【U 形沟槽】　选择该类型，弹出选择放置面对话框，选择 U 形沟槽放置面。在弹出的图 4-61 所示【U 形槽】对话框中输入相应的参数，单击【确定】按钮，弹出沟槽定位对话框，指定目标边及刀具边。最后在弹出的定位表达式中输入相应的数值，生成 U 形沟槽，见图 4-62 所示。

图 4-56 【定位槽】对话框

图 4-57 【创建表达式】对话框

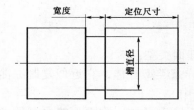

图 4-58 生成矩形槽

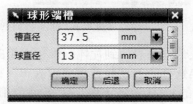

图 4-59 【球形端槽】对话框

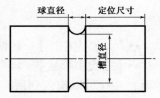

图 4-60 生成球形端沟槽

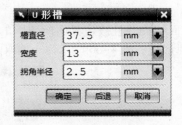

图 4-61 【U 形槽】参数设置对话框

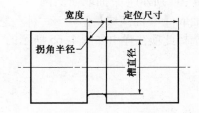

图 4-62 生成 U 形沟槽

4.1.15 抽取几何体

选择菜单命令【插入】→【关联复制】→【抽取】或单击图标，弹出如图 4-63 所示的【抽取】对话框，利用该对话框可以从另一实体/片体抽取一对象来建立一实体/片体。可以抽取的对象类型包括表面、一个实体/片体的区域或一整个实体/片体。

● 抽取【面】 选择此项，弹出如图 4-63 所示的【抽取】（面）对话框，可以选择面作为抽取对象，抽取的面特征与模型相关联。

●【固定于当前时间戳记】 此项用于控制对原几何体所做的改变在更新时是否反映在抽取的几何体中。

●【隐藏原先的】 在完成抽取操作后，隐藏抽取对象。

●【删除孔】 如果要求所抽取面不含有原始面的孔，可以选择此项。此选项转换片体类型到 B 样条类型面，其数据可被传递到其他集成系统。

● 生成【曲面类型】有以下 3 种类型：

图 4-63 【抽取】（面）对话框

••【与原先相同】 转换选择的表面到片体，维持原始曲面类型。

••【三次多项式】 转换选择的表面到三次多项式 B－样条类型片体，它近似复制原曲面，并且可以输入到所有的 CAD、CAM 和 CAE 软件应用中。

••【一般 B 曲面】 转换选择的表面到更通用的 B－样条类型片体，它更严格复制原曲面，但较难为其他系统接受。

图 4-64 所示为一抽取面实例。

• 抽取【面区域】建立一片体，它是与种子面相关并且被边界面所包围的一系列面的集合。选择此项，弹出如图 4-65 所示的【抽取】对话框。图 4-66 所示为一抽取面区域实例。

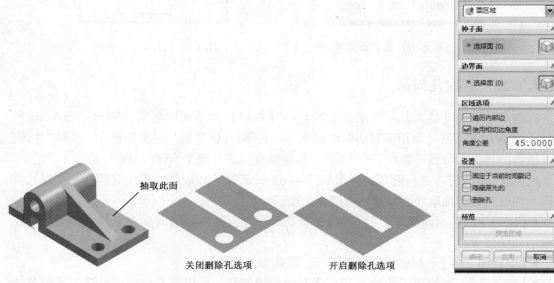

图 4-64　抽取面实例

图 4-65　【抽取】
（面区域）对话框

●抽取【◧体】 建立一整个实体/片体的相关复制。选择此项，弹出如图 4-67 所示的【抽取】（体）对话框。

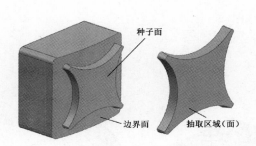

图 4-66 抽取面区域实例

图 4-67 【抽取】（体）对话框

4.1.16 有界平面

有界平面采用封闭曲线作为片体边界产生一个平面片体。所选择的线串必须共面。

创建出来的有界平面可以有孔也可以没有孔。在选择完边界线串后，再选择内部边界就会创建一个带有孔的有界平面。

用于有界平面的边界线串可以包含一个和多个物体，每个物体可以是曲线、实体边缘或实体面。

选择菜单命令【插入】→【曲面】→【有界平面】或单击图标◺，弹出如图 4-68 所示的【有界平面】对话框，选择边界线串。

图 4-69 所示为一有界平面实例。

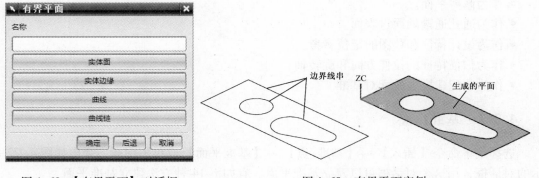

图 4-68 【有界平面】对话框　　　　　图 4-69 有界平面实例

4.1.17 加厚

加厚可以对一个片体偏置或增厚以获得一个实体。

选择菜单命令【插入】→【偏置/缩放】→【加厚】或单击图标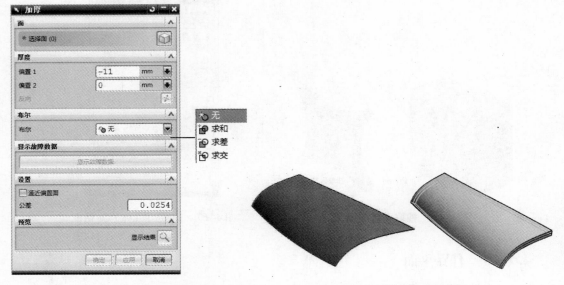，弹出如图 4-70 所示的【片体加厚】对话框，选择边界线串。

图 4-71 所示为一片体加厚实例。

图 4-70 【加厚】对话框　　　　　　　图 4-71 片体加厚实例

4.2 基准特征

基准特征是设计的辅助工具，它包括基准轴、基准平面和基准坐标系，主要用作确定特征或者草图的位置和方向。

参考特征在设计中的应用如下：

- 作为安放特征和草图的表面。
- 作为修剪平面。
- 作为通孔通槽的通过表面。
- 作为设计特征和草图的定位参考。
- 作为扫描特征的拉伸方向和旋转轴。
- 作为装配建模中的配对基准。

4.2.1 基准平面

选择菜单命令【插入】→【基准/点】→【基准平面】或单击图标，弹出如图 4-72 所示的对话框，用这个对话框可以建立基准平面。有如下 14 种方法建立基准平面。

- 【　自动判断】　以自动判断的约束方式生成基准平面。例子见图 4-73 所示。
- 【　成一角度】　该方法通过选择一个参考平面和一条参考曲线或边缘，通过参考曲线或边缘和参考平面夹一定的角度建立基准平面。其对话框见图 4-74 所示，例子见图 4-75 所示。

图 4-72 【基准平面】对话框

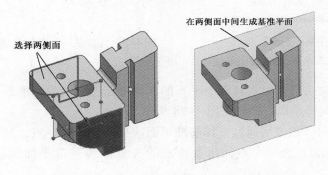

图 4-73 【自动判断】方式生成基准平面示例

图 4-74 【成一角度】生成基准平面

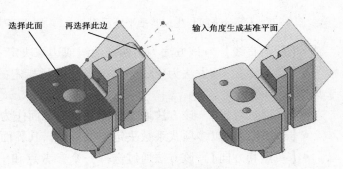

图 4-75 【成一角度】生成基准平面示例

● 【⬛按某一距离】 该方法通过选择一个参考平面，偏置参考平面一定的距离建立基准平面。其对话框见图 4-76 所示，例子见图 4-77 所示。

图 4-76 【按某一距离】生成
【基准平面】对话框

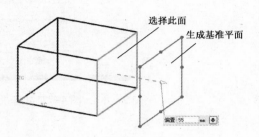

图 4-77 【按某一距离】生成基准平面示例

● 【⬛平分】 该方法通过选择两个平行的参考平面，生成的基准平面平行于参考平面且与两参考平面之间等距离。例子见图 4-78 所示。

● 【⬛曲线和点】 该方法通过选择基准平面通过曲线上的一点，然后再选择另外一个曲线、边缘或基准轴上的一个点，两点构成的矢量即为基准平面的法向矢量。例子见图 4-79 所示。

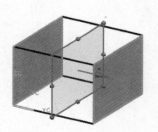

图 4-78 【等分平面】生成基准平面示例

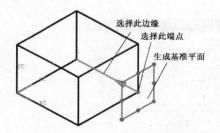

图 4-79 【曲线和点】生成基准平面示例

● 【⬛两直线】 该方法为由两条曲线或边缘决定一个基准平面。例子见图 4-80 所示。

● 【⬛相切】 该方法为生成的基准平面通过指定的点、线、面与指定的曲面相切。例子见图 4-81 所示。

● 【⬛通过对象】 该方法通过选择对象的平面作为基准平面。

● 【⬛系数】 以多项式系数决定基准平面，其界面如图 4-82 所示。

● 【⬛点和方向】 该方法通过选择一个参考点和一个参考矢量，建立通过该点而垂直于所选矢量的基准平面。其对话框见图 4-83 所示，例子见图 4-84 所示。

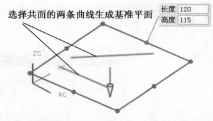

图4-80 【两直线】生成基准平面示例

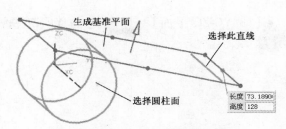

图4-81 【相切】生成基准平面示例

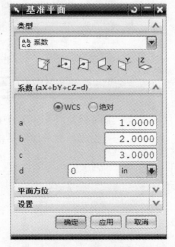

图4-82 【系数】生成基准平面对话框

图4-83 【点和方向】生成基准平面对话框

● 【在曲线上】 该方法通过选择曲线或边缘，垂直通过这条曲线或边缘建立基准平面。其对话框见图4-85所示，例子见图4-86所示。

图4-85 【在曲线上】
生成基准平面对话框

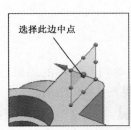

图4-84 【点和方向】生成基准平面示例

●【 YC-ZC 平面】 以固定的 YC-ZC 平面作为基准平面，其界面如图 4-87 所示。

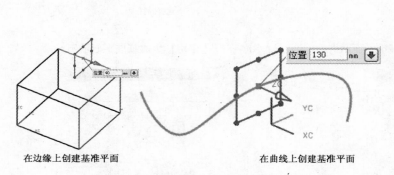

在边缘上创建基准平面　　　　　在曲线上创建基准平面

图 4-86 【在曲线上】生成基准平面示例

图 4-87 【XC-YC 平面】
生成基准平面对话框

●【 XC-ZC 平面】 以固定的 XC-ZC 平面作为基准平面。
●【 XC-YC 平面】 以固定的 XC-YC 平面作为基准平面。

4.2.2　基准轴

选择菜单命令【插入】→【基准/点】→【基准轴】或单击图标 ，弹出如图 4-88 所示的对话框，用这个对话框可以建立基准轴。有如下几种方法建立基准轴。

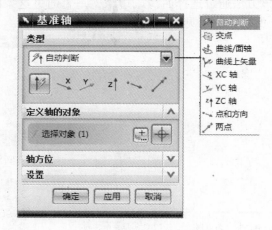

图 4-88 【基准轴】对话框

●【 自动判断】 在自动判断方式下，系统根据所选择的物体自动判断可用的约束方式。如果指定一种约束，则只选择该约束条件允许选择的对象。例子见图 4-89 所示。

自动判断的约束方式有 3 种： 【重合】、 【平行】、 【垂直】。

●【 曲线上矢量】 该方法通过选择一条参考曲线，建立基准轴平行于该曲线某点处的切向矢量或法向矢量。其对话框见图 4-90 所示，例子见图 4-91 所示。

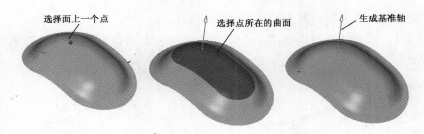

图 4-89 【自动判断】生成基准轴示例

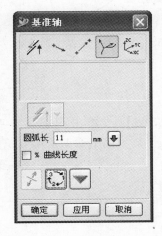

图 4-90 曲线上矢量对话框

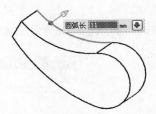

图 4-91 【曲线上矢量】生成基准轴示例

● 【✕ XC 轴】沿工作坐标系的 XC 轴创建一个固定基准轴，其界面与实例如图 4-92、图 4-93 所示。

图 4-92 【XC 轴】对话框

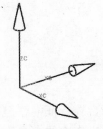

图 4-93 生成坐标轴方向的基准轴示例

● 【✕ YC 轴】沿工作坐标系的 YC 轴创建一个固定基准轴。

● 【✕ ZC 轴】沿工作坐标系的 ZC 轴创建一个固定基准轴。

● 【✕ 点和方向】 该方法通过选择一个参考点和一个参考矢量建立基准轴，基准轴通过参考点且平行于参考矢量。例子见图4-94所示。

● 【✏两点】 该方法通过选择两个点来定义基准轴，可以利用点构造器来选择。例子见图4-97所示。

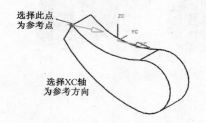

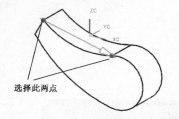

图4-94 【点和方向】生成基准轴示例　　　图4-95 【两点】生成基准轴示例

4.2.3　基准坐标系

选择菜单命令【插入】→【基准/点】→【基准CSYS】或单击图标 ，弹出如图4-96所示的对话框，用这个对话框可以建立基准坐标系，详见第1章1.4.4节。

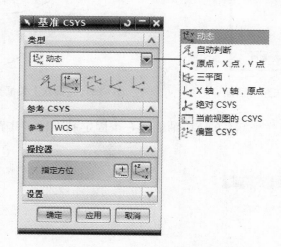

图4-96 【基准CSYS】对话框

4.3　布尔操作

前面在孔、凸台等特征中已经用到了布尔操作的概念，这里布尔操作是指对已经存在的物体进行合成，操作中的一个物体称为目标体，其他的称为刀具体，刀具体可以有多个。布尔操作有3种类型：求和、求差和求交。

4.3.1　求和

【求和】将两个实体合并成一个实体。【求和】不适合片体，如果想将两个片体合并，应当使用缝合特征。

求和操作步骤如下：

（1）选择菜单命令【插入】→【组合体】→【求和】或单击图标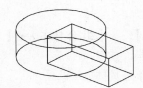，弹出如图4-97所示的【求和】对话框。

（2）选择一个目标体，选择刀具体。可以选择多个刀具体。

（3）单击【确定】按钮，完成求和操作。

图4-98所示为求和操作示例。

图4-97 【求和】对话框

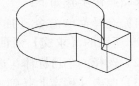

图4-98 求和操作示例

4.3.2 求差

求差是从一个目标体中减去一个或多个工具体，求差操作可以在实体和片体上进行。

求差的目标体和工具体操作可以有3种类型：实体-实体=实体；实体-片体=实体；片体-实体=片体。当求差的结果使目标体成为两个部分时，会出现图4-99所示的警告信息，原有的特征参数将丢失。

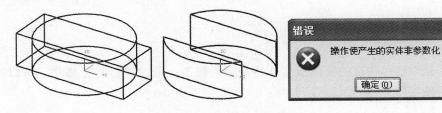

图4-99 求差警告

求差操作步骤如下：

（1）选择菜单命令【插入】→【组合体】→【求差】或单击图标，弹出类似于图4-97所示的【求差】对话框。

（2）选择一个目标体，选择工具体，可以选择多个刀（工）具体。

（3）单击【确定】按钮，完成求差操作。

图 4-100 所示为求差操作示例。

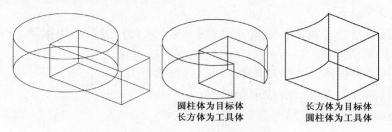

圆柱体为目标体　　　　长方体为目标体
长方体为工具体　　　　圆柱体为工具体

图 4-100　求差操作示例

4.3.3　求交

两个物体相交，操作后其结果为其公共部分。

求交的目标体和刀具体操作可以有 3 种类型：实体交实体 = 实体；片体交实体 = 片体；片体交片体 = 片体。

求交操作步骤如下：

（1）选择菜单命令【插入】→【组合体】→【求交】或单击图标，弹出类似于图 4-99 所示的【求交】对话框。

（2）选择一个目标体，选择刀具体。

（3）单击【确定】按钮，完成求交操作。

图 4-101 所示为求交操作示例。

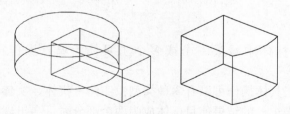

图 4-101　求交操作示例

4.4　特征操作

特征操作是对已经构造的实体或实体特征进行修改。通过进行特征操作，可以用简单实体建立复杂的实体。

4.4.1　拔模

选择菜单命令【插入】→【细节特征】→【拔模】或单击图标，弹出如图 4-102 所示的【拔模】对话框，利用该对话框可以进行拔模操作。

●【从平面】　该功能用于从参考平面开始，与拔模方向成拔模角度，对指定的实体进行拔模，拔模后截面形状保持不变。

首先在类型框中选择【从平面】，然后在【展开方向】下单击【指定矢量】按钮，确定拔模方向，然后选择【固定面】下的选择平面图标，在图形上指定固定平面，再选择【要拔模的面】的选择面选项图标，在图形上指定拔模面，输入拔模角度，最后单击【确定】按钮，生成面拔模如图4-103所示。

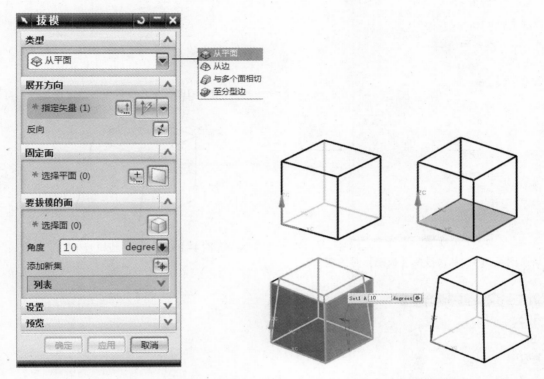

图4-102　从平面拔模【拔模】对话框　　　　图4-103　生成面拔模

●【从边】　该功能从一系列实体边缘开始，与拔模方向成拔模角度，对指定的实体进行拔模，应用于不在同一平面内的边缘进行拔模。

当选择类型框中【从边】后，弹出如图4-104所示的【拔模】对话框。然后在【展开方向】下单击【指定矢量】按钮，确定拔模方向，然后选择【固定边缘】下的选择边图标，在图形上指定固定边缘，指定拔模角度，如果为可变拔模角度，则选择【可变拔模点】下的指定点选项，在图形界面中选择要变角度的点，在可变角文本框中输入该点处的拔模角度，重复以上两步骤，为所有要定义变拔模角的点定义拔模角度，如图4-105所示。最后单击【确定】按钮，完成从固定边缘拔模，如图4-106所示。

●【与多个面相切】　该方法用于与拔模方向成拔模角度，对实体进行拔模，使得拔模面相切于指定的实体表面，适用于对相切表面拔模后要求依然保持相切的实体模型。

当选择类型【与多个面相切】后，弹出如图4-107所示的【拔模】对话框。然后在【展开方向】下单击【指定矢量】按钮，确定拔模方向，选择【相切面】下的选择面图标，在图形上指定相切面，指定拔模角度，最后单击【确定】按钮，生成相切拔模，如图4-108所示。

●【至分型边】　该方法用于从固定平面开始，与拔模方向成拔模角度，沿指定的分割边缘对实体进行拔模。

图4-104 从边拔模【拔模】对话框

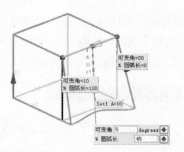

图4-105 变角度拔模参数设置

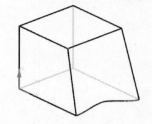

图4-106 变角度拔模效果图

图4-107 与多个面相切拔模
【拔模】对话框

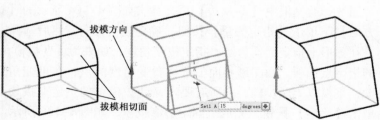

图4-108 生成相切拔模

当选择类型【至分型边】后，弹出如图4-109所示的【拔模】对话框。然后在【展开方向】下单击【指定矢量】按钮，确定拔模方向，选择【固定面】下的选择平面图标，在图形上指定固定平面，再选择【分型边】下的选择边图标，在图形上指定固定边缘，输入拔模角度值，最后单击【确定】按钮，生成拔模角，如图4-110所示。

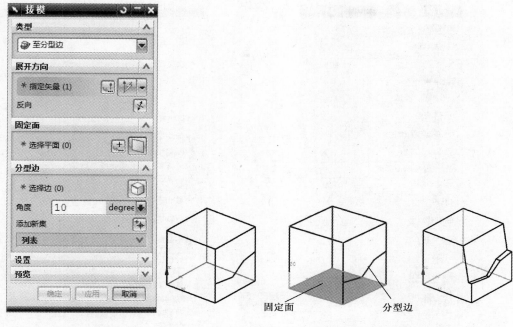

图 4-109　生成至分型边
【拔模】对话框

图 4-110　生成至分型边拔模角

固定面　　　　分型边

4.4.2　边倒圆

选择菜单命令【插入】→【细节特征】→【边倒圆】或单击图标，弹出如图 4-111 所示的【边倒圆】对话框，利用该对话框可进行边倒圆操作。

●【要倒圆的边】　用于选择将倒圆应用到边缘组中的边缘，并设置倒圆半径。

在弹出如图 4-111 所示的【边倒圆】对话框后，使【要倒圆的边】下的选择边选项高亮显示，这时在图形界面选择要倒圆的边，继续选择要倒圆的边，在设置半径框输入相应的半径，最后单击【确定】按钮，生成边倒圆，如图 4-112 所示。如果需要为不同半径的边缘倒圆，选择【添加新集】，再选取边缘，在设置半径框输入相应的半径，单击【确定】按钮，则生成有不同倒圆半径的边倒圆。

•• 【添加新集】　用于为一个新的要偏置的边集选择边。

●【可变半径点】　用于将一个变化的半径倒圆应用到边缘组中的边缘。

在弹出如图 4-111 所示的【边倒圆】对话框后，在图形界面中选择要倒圆的边，单击变半径图标，这时系统提示为指定半径选择点，选择点 1 并指定半径，选择点 2 并指定半径，选择点 3 并指定半径，最后单击【确定】按钮，生成变半径边倒圆，如图 4-113 所示。

●【拐角回切】　添加回拔点至倒圆拐角，再调整每一个回拔点离顶点的距离，将附加的形状应用到拐角，如图 4-114 所示。

●【拐角突然停止】　通过选择终点，进行局部边缘段倒圆，如图 4-115 所示。

●【溢出解决方案】　有以下 3 种形式：

图 4-111 【边倒圆】对话框

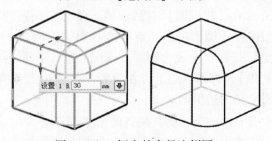

图 4-112 恒定的半径边倒圆

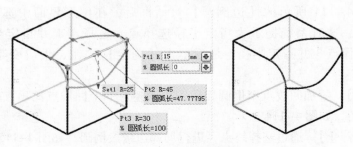

图 4-113 变半径边倒圆

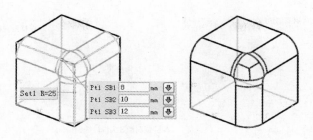

图 4-114　拐角倒圆

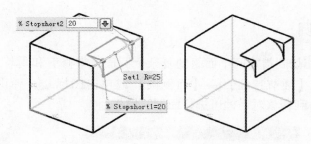

图 4-115　局部边缘段倒圆

••【在光顺边上滚动】　规定倒圆延伸到第一个遇到的光顺连接的（相切）面时的边缘形式，如图 4-116 所示。

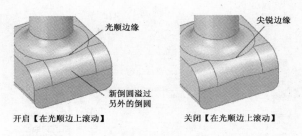

图 4-116　【在光顺边上滚动】作用

••【在边上滚动】　规定倒圆在先于定义面相切时所遇到的边缘形式，如图 4-117 所示。

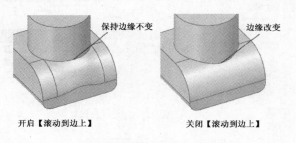

图 4-117　【在边上滚动】作用

••【保持圆角并移动锐边】　规定倒圆保持与定义面相切，并且移动任一遇到的边缘到倒圆面，如图 4-118 所示。

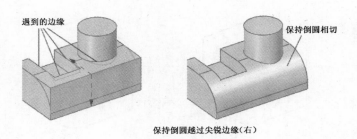

图 4-118 【保持圆角并移动尖锐边缘】作用

4.4.3 面倒圆

面倒圆是建立相切到指定两个面组的复杂倒圆面，带修剪和附着倒圆面选项。选择菜单命令【插入】→【细节特征】→【面倒圆】或单击图标，弹出如图 4-119 所示的【面倒圆】对话框，利用该对话框可进行面倒圆操作。

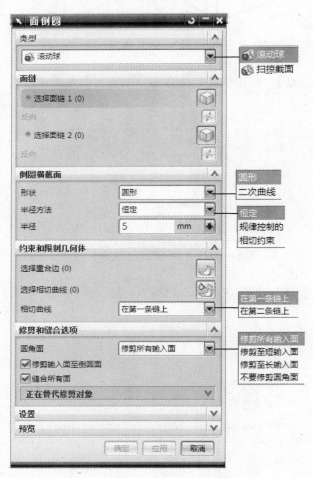

图 4-119 【面倒圆】对话框

1. 对话框说明

●【🔘 滚动球】 从圆角面的截面来看，圆弧可理解为一个"滚动的球"在面上滚动，总是保持与两个面相切。

●【🔘 扫掠截面】 选择第 1 组面和第 2 组面之后，还需选择脊线。可认为圆角面是截面线串沿脊线扫描生成。

●【面链】

●●【选择面链 1】 该选项用于选择作为面倒圆的第 1 组面的面的集合。单击该选项以后，可以选择实体或者片体的一个或者多个面作为第 1 组面。如果显示的方向不对，可以用法向反向来控制。

●●【选择面链 2】 该选项用于选择面倒圆的第 2 个面集。具体操作与选择面链 1 的操作方法类似。

●【倒圆横截面】 倒圆横截面形状可以【圆形】和【二次曲线】：

●●【圆形】 可以按恒定的半径或按规律控制的半径作为横截面。

●●【二次曲线】可以按恒定的二次或按规律控制的二次曲线作为横截面。选择此项后，【面倒圆】对话框成为图 4-120 所示形式，图 4-121 所示为二次曲线【面倒圆】参数示意图。

图 4-120　二次【面倒圆】对话框

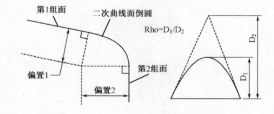

图 4-121　二次【面倒圆】参数示意图

●【约束和限制几何体】

●●【🔘 选择重合边】 该选项用于选择陡峭边缘。可以在第 1 面集和第 2 面集上选择一个或者多个边缘作为陡峭边缘。从而使第 1 面集和第 2 面集相切到陡峭边缘。

•• 【选择相切曲线】 该选项用于选择相切控制曲线。

• 【修剪和缝合选项】

•• 【圆角面】有 4 个选项：修剪所有输入面/修剪至短输入面/修剪至长输入面/不要修剪圆角面。

•• 【修剪输入面到倒圆面】。

•• 【缝合所有面】。

2. 面倒圆操作步骤

（1）选择面倒圆图标 。

（2）选择面倒圆类型：【 滚动球】/【 扫掠截面】。

（3）在出现的图 4-119 所示对话框中，选择【面链】下选择面链 1 选项，然后选择实体或者片体上的面，作为面链 1。

（4）在出现的图 4-119 所示对话框中，选择【面链】下选择面链 2 选项，然后选择实体或者片体上的面，作为面链 2。

（5）如果面倒圆类型为【 扫掠截面】，还需单击脊线图标 ，然后在图形上选择脊线。

（6）如果面倒圆形状为【圆形】，输入倒圆半径值。

（7）如果面倒圆形状为【二次曲线】，输入偏置 1、偏置 2 和 Rho。

（8）单击【确定】按钮，生成面倒圆。

面倒圆例子如图 4-122、图 4-123 和图 4-124 所示。

图 4-122　面倒圆示例 1

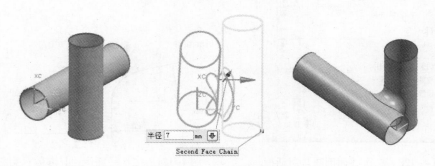

图 4-123　面倒圆示例 2

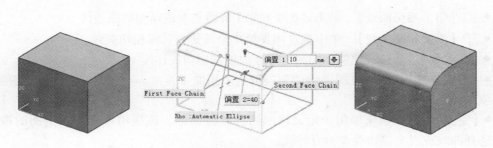

图 4-124　面倒圆示例 3

4.4.4　软倒圆

软倒圆是对实体或者片体进行倒圆，不输入具体的半径值，使倒圆面沿着相切控制曲线相切于指定的面，具有艺术效果。软倒圆角的横截面形状不是圆形，其形状可控制，避免机械地倒圆。选择菜单命令【插入】→【细节特征】→【软倒圆】或单击图标，弹出如图 4-125 所示的【软倒圆】对话框，利用该对话框可进行软倒圆操作。

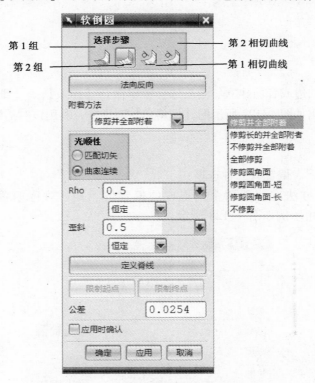

图 4-125　【软倒圆】对话框

对话框说明如下。

● 【第 1 组】　该选项用于选择作为面倒圆的第 1 组面的面的集合。单击该图标以后，可以选择实体或者片体的一个或者多个面作为第 1 组面。

● 【第 2 组】　该选项用于选择面倒圆的第 2 个面集。单击该图标以后，可以选择实体或者片体的一个或者多个面作为第 2 组面。

- 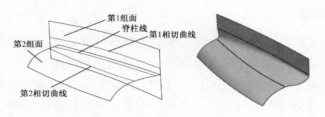【第 1 相切曲线】 单击该选项在第 1 个面集上选择相切曲线。
- 【第 2 相切曲线】 单击该选项在第 2 个面集上选择相切曲线。
- 【匹配切矢】 该选项使倒圆面与邻接的被选面切矢连续。
- 【曲率连续】 该选项既采用切矢连续也采用曲率连续。可用【Rho】和【歪斜】两个选项来控制倒圆的形状。
- 【定义脊线】 该选项用于定义软倒圆的脊柱线串，该线串垂直于软倒圆的横截面。可以选择曲线或者实体边缘作为脊柱线。

软倒圆例子如图 4-126 所示。

图 4-126　软倒圆示例

4.4.5　倒角

倒角是对实体的边或者面建立斜角。选择菜单命令【插入】→【细节特征】→【倒角】或单击图标，弹出如图 4-127 所示的【倒斜角】对话框，利用该对话框可进行倒角操作。

1. 倒角类型

对话框说明如下。偏置有三种选择：

- 【对称】 该方法在相邻两个面形成的偏置值相同。对称偏置参数设置对话框如图 4-127 所示，倒角示例如图 4-128 所示。

图 4-127　【倒斜角】对话框

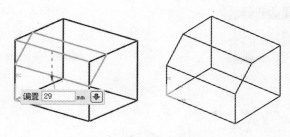

图 4-128 对称偏置示意图

● 【非对称】 非对称偏置参数设置对话框如图 4-129 所示，该方法在相邻两个面形成的偏置值不同，如果需要将倒角反向，单击按钮。非对称偏置倒角示意如图 4-130 所示。

图 4-129 非对称偏置倒角对话框

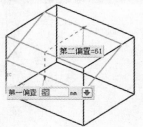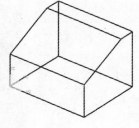

图 4-130 非对称偏置示意图

● 【偏置和角度】 偏置和角度方法参数设置对话框如图 4-131 所示，该方法用偏置和角度两个参数定义倒角。如果需要将倒角反向，单击 按钮。偏置和角度倒角示意如图 4-132 所示。

2. 倒角操作步骤

（1）选择需要倒角的边。
（2）选择倒角的偏置类型。
（3）输入需要倒角的参数。
（4）对于双偏置和偏置角度方法，还可以选择反向倒角。

图4-131　偏置和角度对话框

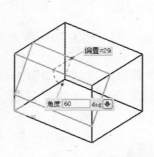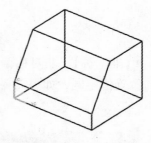

图4-132　偏置和角度示意图

4.4.6　抽壳

该选项用于挖空实体或者建立薄壳零件。选择菜单命令【插入】→【偏置/缩放】→【抽壳】或单击图标 ，弹出如图4-133所示的【壳】对话框，利用该对话框可进行抽壳操作。

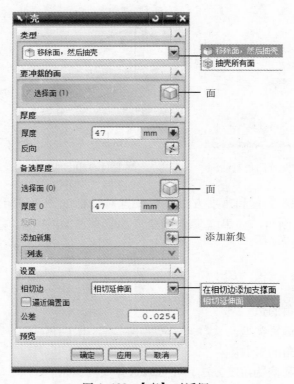

图4-133　【壳】对话框

1. 3 种抽壳类型

●【移除面，然后抽壳】 在该方法中，所选的冲孔面在抽壳操作后将被移去。如果进行等厚度的抽壳，则在选好要抽壳的面和设置好默认厚度后，直接单击【确定】或【应用】按钮完成抽壳。图 4-134 所示为面抽壳示意图。

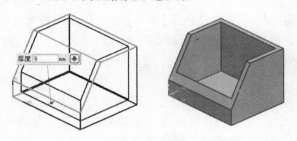

图 4-134 面抽壳（等厚度）示意图

如果进行变厚度的抽壳，则在选好要抽壳的面后，单击变厚度抽壳图标，选择要设定变厚度抽壳的表面，并在厚度文本框中输入厚度值，则该表面抽壳后的厚度为新设定的厚度。单击图标，继续设定下一表面的厚度。

图 4-135 所示为变厚度抽壳示意图，图中各个表面的厚度均不相同。

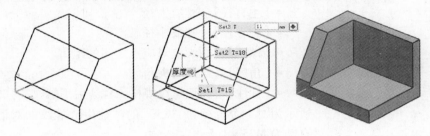

图 4-135 变厚度抽壳示意图

●【抽壳所有面】 选择体抽壳图标，然后选择一个实体，系统将按照设置的厚度进行抽壳，抽壳后原实体变成一个空心实体。如果厚度为正，则空心实体的外表面为原实体的表面；如果厚度为负，则空心实体的内表面为原实体的表面，如图 4-136 所示。

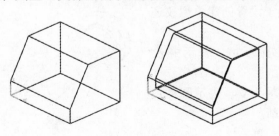

图 4-136 体抽壳示意图

2. 抽壳操作步骤

（1）选择抽壳的类型。

（2）根据抽壳的类型选择目标。

（3）指定抽壳厚度的参数，或者改变厚度的参数。

（4）单击【确定】或【应用】按钮，建立抽壳特征。

4.4.7 螺纹

选择菜单命令【插入】→【设计特征】→【螺纹】或单击图标 ，弹出如图 4-137 所示的【螺纹】对话框，根据需要选择螺纹的类型，设置好螺纹的参数，即可创建所需螺纹。

1. 螺纹类型

• 【符号】 以虚线符号表示螺纹，系统自动判断是内螺纹还是外螺纹，并推荐一个符合标准的螺纹。这种螺纹生成速度快，建议使用。

• 【详细】 产生真实螺纹，详细螺纹是全相关的，特征可修改，生成时间长，一般很少用。

符号螺纹和详细螺纹如图 4-138 所示。

2. 螺纹常用术语

• 【主直径】 螺纹大径。

• 【副直径】 螺纹小径。

• 【螺距】 两螺纹对应点之间的距离。

• 【角度】 螺纹的夹角。

• 【标注】 标记螺纹规格，自动引用螺纹表，如图 4-137 所示为对一个直径为"25"的圆柱生成螺纹的对话框，规格自动为 M25×1.5。

• 【轴尺寸】 用于外螺纹的轴尺寸，内螺纹的钻孔尺寸。

• 【Method】 螺纹的加工方法。

• 【Form】 制式，指定螺纹的标准，对于毫米，应采用公制。

图 4-137 【螺纹】对话框

• 【螺纹头数】 用于设置创建单螺纹还是多螺纹。

• 【已拔模】 该项为√，表示螺纹拔模。

• 【完整螺纹】 该项为√，表示圆柱长度改变时，符号螺纹刷新。

• 【长度】 螺纹的长度。

• 【手工输入】 该项为√，手工输入代替上述各项来自规格表中的参数。

• 【从表格中选择】 表示从螺纹规格表中选择数据。

• 【包含实例】 该项为√，阵列中的所有成员全部生成螺纹。

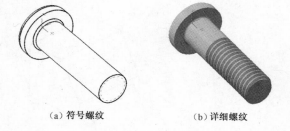

（a）符号螺纹 （b）详细螺纹

图 4-138 符号螺纹和详细螺纹

- 【旋转】 螺纹的旋向：右手或左手。
- 【选择起始】 螺纹的起始位置。

3. 螺纹操作步骤

（1）选择螺纹类型：符号螺纹/详细螺纹。

（2）选择一个或多个圆柱面，使用默认值，直接单击【确定】或【应用】按钮生成螺纹。

4.4.8　镜像特征

选择菜单命令【插入】→【关联复制】→【镜像特征】或单击图标，弹出如图4-139所示的【镜像特征】对话框，该选项用于实体的特征相对于基准平面或者实体的表面进行镜像。

在对话框中的【候选特征】列表区中选择相应的要镜像特征，被选中的特征在特征框列表中高亮显示，然后选择镜像平面，即可完成镜像特征操作。图4-140所示是将长方体特征和圆柱体特征镜像后的示意图。

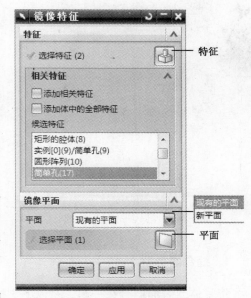

图4-139　【镜像特征】对话框

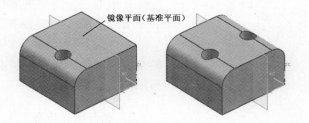

图4-140　镜像（倒圆和孔）特征示意图

4.4.9　镜像体

设计对称零件可选择【镜像体】，物体相对于一个基准面镜像，镜像后的实体与原物体关联，无参数。修改物体的参数通过改变原物体的参数实现。

选择菜单命令【插入】→【关联复制】→【镜像体】或单击图标，弹出如图4-141所示的【镜像体】对话框，选择要镜像的实体，再选择基准平面，生成镜像体，如图4-142所示。

4.4.10　缝合

当实体或片体间出现缝隙时可以采用缝合操作来进行修补。选择菜单命令【插入】→【组合体】→【缝合】或单击图标，弹出如图4-143所示的【缝合】对话框。

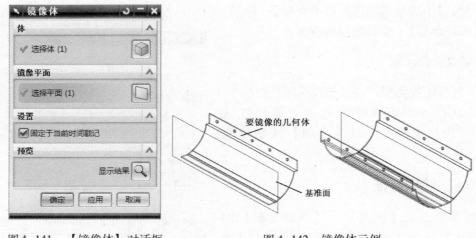

图 4-141 　【镜像体】对话框 　　　　　图 4-142 　镜像体示例

1. 缝合的类型

将片体或表面缝合在一起，有以下 3 种类型：

图 4-143 　【缝合】对话框

● 将两个片体或多个片体缝合成一个片体。输入类型必须为片体。

● 将多个片体缝合在一起。它们之间没有间隙，形成一个封闭的实体表面，缝合结果是一个实体。输入类型必须是片体。

● 将两个贴合的实体表面缝合，得到一个缝合后的实体。输入类型必须为实体，类似于布尔加的结果。

2. 缝合操作步骤

（1）在图 4-143 中选择缝合类型：【图纸页】/【实体】。

（2）如果选择了【图纸页】，选择一个片体作为目标体，刀具选择片体图标高亮，选择要缝合的各工具片体。如果要输出多个片体，选择【输出多个片体】为√。指定缝合误差，缝合误差应大于片体间隙。单击【确定】按钮。

（3）如果选择了【实体】，选择要缝合的实体表面作为目标面，单击刀具选择面图标，选择要缝合的刀具体上的面（可以先将目标体隐藏，便于选择刀具体的面）。如果选择的刀具体是引用中的一个成员，要缝合所有的引用成员，选择【缝合所有实例】为√。输入缝合误差值。如果需要查看实体在哪些面缝合，单击【搜索公共面】，单击【确定】按钮。

3. 缝合失败后的处理

缝合可能失败，可能的原因及处理方法如下：

（1）缝合边的间隙大于缝合误差。此时应调整缝合误差值。

（2）面的匹配不好。改变片体为 B 样条曲面，选择菜单命令【插入】→【关联复制】→【抽取】。

（3）面的边匹配不好。改变片体的边，选择菜单命令【编辑】→【曲面】→【边界】。

图 4-144 所示是片体缝合示例。

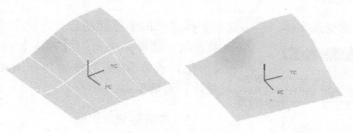

图 4-144 片体缝合示例

4.4.11 补片

补片是利用片体对实体的表面进行修补，创建所需要的实体表面。选择菜单命令【插入】→【组合体】→【补片】或单击图标，弹出如图 4-145 所示的【补片】对话框。

1. 对话框功能说明

● 【目标】 用于选择要修补的目标体。

● 【刀具】 用于选择修补目标体的刀具片体。

● 【要移除的目标区域】 选择刀具片体后在工具片体上显示箭头，修补时在箭头方向一侧的目标体上的表面被工具片体替换。如要改变方向，单击反向图标。

● 【工具方向面】 用于在有多个表面的工具片体中，重新定义工具片体矢量方向。

● 【在实体目标中开孔】 用封闭的片体在目标实体上创建孔。

图 4-145 【补片】对话框

2. 补片操作步骤

（1）选择目标实体。

（2）选择刀具片体。如果显示的替换方向相反，则改变替换方向。

（3）单击【确定】按钮，即完成补片操作。

图 4-146 所示为补片示例。

图 4-146　补片示例

4.4.12　简化体

用边界面简化复杂实体，移去复杂实体多余的不重要的特征，减少装配的部件特征和

图 4-147　【简化体】对话框

数据量。选择菜单命令【插入】→【直接建模】→【简化】或单击图标🖐，弹出如图 4-147 所示的【简化体】对话框。

1. 对话框功能说明

● 🖐【保留面】　用于选择实体上要保留的面，至少选择一个，全部保留面是简化后实体的表面。

● 🖐【边界面】　用于选择实体面作为边界面，边界面上的所有边缘作为简化实体的边缘。

● 🖐【边界边】　如果边界面形成的边界边需要调整，单击边界边图标，选择新的边或删除某个边，形成新的边界边。

● 【确认移除面】　选择从实体中移去的面，以便确认检验，并检验所选择边界的完整性。

● 【自动删除孔】　用于自动删除实体上的孔，并控制小于多大直径的孔可删除。

● 【预览】　用于在简化实体以前预览实体保留面或移除面，单击该选项，弹出对话框，如图 4-148 所示。

● 【压印面】　用于分割所选的保留面或者边界面。选取保留面或者边界面并不需要一个完整的表面，就可利用该项将表面分割。单击该选项，弹出如图 4-149 所示对话框。

图 4-148　【简化体预览】对话框

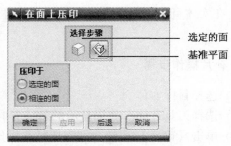

图 4-149　【在面上压印】对话框

- •【面】 选择要分割的表面。
- •【基准平面】 选择分割基准平面。
- •【选定的面】 基准平面分割选择的面。
- •【相连的面】 在同一个实体中，用基准平面分割选择的表面及其相连接的情况，使分割的边形成一个封闭的回路。
- ●【检查破裂缺口】 用于检查简化实体失败的原因。
- ●【生成确认】 选项。
- •【无创建确认】 体直接生成实体简化结果。
- •【创建前确认】 询问是否进行简化实体操作。
- •【创建后查看】 在简化实之后弹出询问对话框。

2. 简化体操作步骤

（1）选择实体保留面。

（2）根据需要设置各控制选项。

（3）单击【确定】按钮，完成简化实体操作。

图4-150 所示为一简化体的示例。

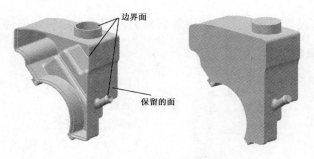

图4-150 简化体示例

4.4.13 包裹几何体

包裹几何体是用多面体将几何体包容起来，以简化复杂物体的外形。该功能常用来确定零部件的包装尺寸和安装时所需占用的空间大小。选择菜单命令【插入】→【偏置/比例】→【包裹几何体】或单击图标 ，弹出如图4-151所示的【包裹几何体】对话框。

1. 对话框功能说明

- ● 【要包容的几何体】 用于选择要包容的几何形体，可选择多个实体、片体、曲线、点作为包裹对象。
- ● 【分割平面】 用于定义分割平面，对几何体外形比较复杂的实体进行分割，使包裹结果更接近于原几何形体。单击该图标，弹出如图4-152所示的分割平面对话框。
- ●【封闭间隙】 用于指定包裹表面存在间隙的封闭方法，包含尖锐、斜角、无偏置三个选项。

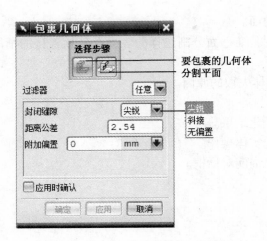

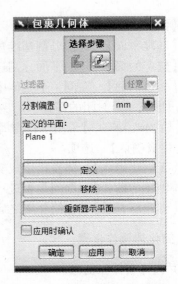

图 4-151 【包裹几何体】对话框　　　　图 4-152 分割平面对话框

● 【距离公差】 用于设置包裹距离公差，其值越小，产生的包裹点越多，越接近原几何形体。

● 【附加偏置】 设置包裹体表面的附加偏移值，用于当包裹几何体需要放大时。

2. 包裹几何体操作步骤

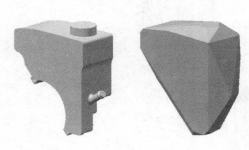

图 4-153 包裹几何体示例

（1）选择几何体，指定封闭间隙：尖锐、斜接或无偏置。

（2）指定距离公差。

（3）如果包裹体需要放大，输入附加偏置值。

（4）如果需要，单击分割平面图标，选择一个面作为分割面，将原物体分割成两块，分别包裹。

（5）单击【确定】按钮，完成包裹。

图 4-153 所示为包裹几何体的示例。

4.4.14 偏置面

偏置面是指按给定的距离沿实体表面的法向偏置一个或多个面的操作，将物体表面外扩或内缩。选择菜单命令【插入】→【偏置/比例】→【偏置面】或单击图标，弹出如图 4-154 所示的【偏置面】对话框。

偏置面的操作比较简单，步骤如下：

（1）确定偏置值。

（2）选择需要偏置的表面、特征或者实体。

（3）单击【确定】按钮，完成偏置表面操作。

图 4-155 所示为偏置面示例。

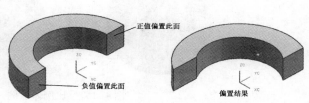

图 4-154 【偏置面】对话框

图 4-155 偏置面示例

4.4.15 比例体

比例体是按一定的比例对实体或片体进行缩小或放大的操作。比例是针对 3 个坐标轴方向的，主要用于模具设计时材料收缩率参数的确定。选择菜单命令【插入】→【偏置/比例】→【比例】或单击图标 ，弹出如图 4-156 所示的【比例】对话框。

1. 对话框功能说明

图 4-156 【比例】对话框

● 【 均匀】 把指定的参考点作为缩放中心，按同一比例沿 X、Y、Z 轴方向缩放指定的实体或片体。

● 【 轴对称】 把指定的参考点作为缩放中心，一个比例值缩放用户选择的坐标轴方向，另一个比例值缩放其他两个轴向的实体或片体。

● 【 常规】 沿参考坐标的 X、Y、Z 轴方向，用不同的比例缩放所选择的实体或片体。

2. 比例体操作步骤

（1）选择比例类型：【 均匀】/【 轴对称】/【 常规】，选择要施加比例的物体。

（2）如果类型是【 均匀】，输入比例因子值。如果指定缩放点，单击指定点图标，选择缩放点，此缩放点作为比例中心，单击【确定】按钮。

（3）如果类型是【 轴对称】，输入沿轴向比例值以及其他方向比例值。指定缩放点的方法同上。如果需要指定轴，单击缩放轴图标，选择一个轴，此轴作为缩放轴，单击【确定】按钮。

（4）如果类型是【 常规】，分别输入 3 个方向的比例值。如果需要指定缩放坐标系，单击缩放 CSYS 图标，定义一个坐标系，此坐标系作为比例沿 X、Y、Z 的作用方向，单击【确定】按钮。

如果不指定缩放点或缩放轴，默认缩放点或缩放轴为当前 WCS 的原点或 Z 轴。

图 4-157 所示为比例体示例。轴向比例为"1.5"，其他方向比例为"1"。

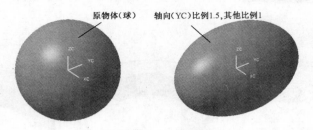

图 4-157　比例体示例

4.4.16　修剪体

修剪体是用实体表面、基准平面或片体修剪一个或多个目标实体。当物体不能直接用已有成型特征生成时，必须分别设计实体或曲面，然后用这个曲面去修剪这个实体。

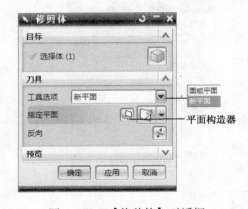

图 4-158　【修剪体】对话框

选择菜单命令【插入】→【修剪】→【修剪体】或单击图标，弹出如图 4-158 所示的对话框，目标下的选择体图标高亮显示，选择要修剪的目标实体，单击刀具下的指定平面图标，选择修剪的刀具平面；如无合适的刀具平面可选，可单击平面构造器图标，根据需要定义刀具平面。定义好刀具平面后，单击【确定】按钮，实体即被修剪。

修剪体操作步骤如下：

（1）选择一个或多个要修剪的实体作为目标体。

（2）选择一个片体（曲面、表面、基准平面或临时定义一个刀具面）为工具体，将要修剪的实体分为两部分，其中细线条所显示的部分为要切除的实体部分，如果反向，则单击图标。

图 4-159 所示为修剪体示例。

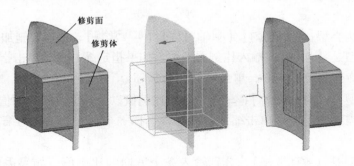

图 4-159　修剪体示例

4.4.17 拆分体

拆分实体是将目标实体通过实体表面、基准平面、片体或者定义的平面进行分割，删除实体原有的参数，但并不切除实体某一部分。

选择菜单命令【插入】→【修剪】→【拆分】或单击图标█，弹出如图 4-160 所示的警告对话框，提示该操作将从所有相关形体中移去所有参数。单击【确定】按钮后，弹出如图 4-161 所示的选择【拆分体】目标体对话框，选择拆分实体，单击【确定】按钮后，弹出如图 4-162 所示对话框。

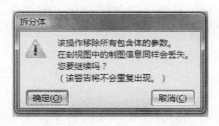

图 4-160　【拆分体】对话框　　　　图 4-161　选择拆分的目标体

图 4-162 所示对话框功能说明：

● 【定义基准平面】　定义一个基准平面作为分割面。单击该选项，会弹出定义基准面对话框。

● 【定义平面】　定义一个平面作为分割面。单击该选项，会弹出平面工具对话框。

● 【定义圆柱面】　定义一个圆柱面作为分割面，单击该选项，会弹出定义圆柱面对话框。

● 【定义球面】　定义一个球面作为分割面。单击该选项，会弹出定义球形面对话框。

● 【定义圆锥面】　定义一个圆锥面作为分割面。单击该选项，会弹出定义锥形面对话框。

● 【定义圆环面】　定义一个圆环面作为分割面。单击该选项，会弹出定义螺旋管形面对话框。

图 4-163 所示为分割体示例，可以看出它与裁剪体的差异。

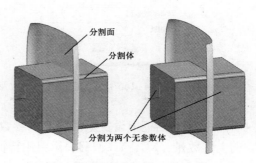

图 4-162　选择分割平面　　　　　　图 4-163　分割体示例

4.4.18　引用特征

图 4-164　【实例】对话框

引用特征是为了避免对单一实体进行重复性操作，而对实体进行的多个成组的镜像或复制。选择菜单命令【插入】→【关联复制】→【引用特征】或单击【实例特征】图标，弹出如图 4-164 所示的【实例】对话框，利用该对话框可进行实例操作。实例生成的特征与原特征相关联。

引用特征对下述特征不能引用：抽壳、边倒圆、倒角、拔锥、螺纹、偏置片体、基准、裁剪的片体、实例集、自由特征、裁剪特征。其中前 5 个特征可以在自己的对话框中用开关控制是否对阵列成员施加操作。

1. 矩形阵列

单击【矩形阵列】选项，弹出如图 4-165 所示的对话框。在该对话框中或图形界面中选择需要阵列的特征，单击【确定】按钮，弹出如图 4-166 所示的矩形阵列参数对话框。

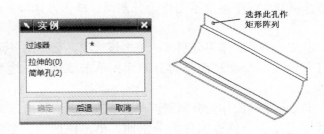

图 4-165　选择阵列特征

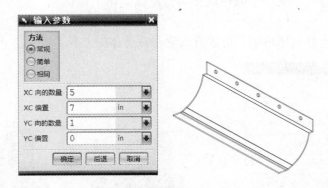

图 4-166　设置矩形阵列参数及生成矩形阵列特征

在图 4-166 所示对话框中设置矩形阵列的参数，沿 XC、YC 向的数量表示引用特征在 XC、YC 方向上的数量，XC、YC 偏移表示引用特征在原特征基础上的偏移量。

设置好参数后，弹出创建引用询问对话框，并且系统在图形窗口中给出阵列特征的预览结果，根据具体情况单击【是】或【否】。

图4-166所示矩形阵列参数对话框中几个单选按钮的功能如下：

● 【常规】　用于将存在的特征创建一个阵列，并对所有特征的几何特性进行分析和验证。

● 【简单】　与一般方式相类似，但不进行分析和验证，其创建速度更快。

● 【相同】　在尽可能少的分析和验证情况下进行阵列。

2. 环形阵列

单击【环形阵列】选项，弹出类似于图4-165所示的对话框，在该对话框中或图形界面中选择需要阵列的特征，单击【确定】按钮，弹出如图4-167所示的环形阵列参数对话框，【数字】表示阵列特征的数量，而【角度】表示阵列特征之间的角度。

在环形阵列参数对话框中设置好参数后，弹出如图4-168所示的环形阵列旋转中心轴对话框，单击【点和方向】按钮，则系统先后弹出【矢量构成】对话框和【点构造器】对话框，用于定义环形阵列的旋转中心轴。单击【基准轴】按钮，则以一个基准轴作为环形阵列的旋转中心轴。

图4-167　环形阵列参数对话框　　　　图4-168　选择旋转中心轴对话框

最后弹出创建引用询问对话框，并且系统在图形窗口中给出阵列特征的预览结果，根据具体情况单击【是】或【否】。环形阵列的结果如图4-169所示。

3. 图样面

复制一组表面，这组表面代表的形状可以按照矩形阵列或者环形阵列生成特征，它不要求阵列的对象为特征。单击该选项，弹出如图4-170所示【图样面】对话框，在该对话框中选择不同的图样面类型，然后根据不同的类型选择和设定不同的参数，可以进行图样面引用操作。

图样面有以下3种类型：

● 【❋矩形图样】直角坐标图样面引用类型需要选择面、XC和YC方向，并且设定沿XC向的数量、沿YC向的数量、XC距离和YC距离，上述参数意义与矩形阵列类似。

● 【❋圆形图样】　圆形图样面引用类型需要选择面和XC方向，并且设定角度和数量。上述参数意义与环形阵列类似。

● 【❀❀镜像】反射图样面引用类型需要选择面和镜像平面，该方法与镜像类似。

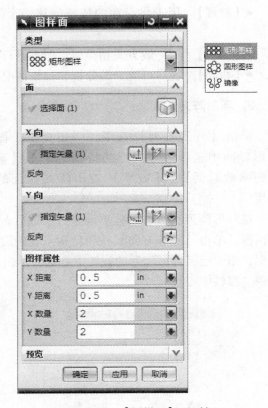

图 4-170 【图样面】对话框

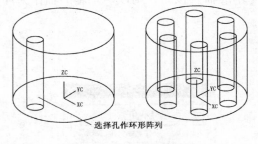

图 4-169 环形阵列示例

4.5 特征编辑

特征编辑是指对已有实体特征进行各种操作，其内容范围如图 4-171 所示。在建模时，有时需要对某些特征进行改变，特征编辑功能极大地方便了修改过程。

特征编辑和操作可以有如下 4 种方法：

（1）选择菜单命令【编辑】→【特征】，弹出如图 4-171 所示的下拉菜单，其中列出了特征编辑的各种命令。

（2）可以使用与其相对的【编辑特征】工具条，如图 4-172 所示。

（3）还可以在视图区选择特征，单击鼠标右键进行操作，如图 4-173 所示。

（4）更方便的是在部件导航器中，单击鼠标右键进行操作，如图 4-174 所示。

图 4-171 编辑特征菜单

4.5.1 编辑特征参数

选择菜单命令【编辑】→【特征】→【编辑参数】或单击图标 📷，弹出如图4-175所示的选择编辑特征对话框，此时既可以直接在实体上选择要编辑参数的特征，也可以在该对话框的特征列表框中选择要编辑参数的特征。然后单击【确定】按钮，弹出编辑参数对话框。根据所选择特征的不同，系统会出现不同的编辑参数对话框。

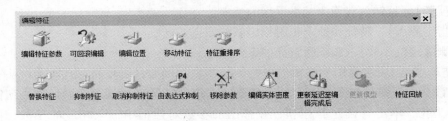

图4-172 【编辑特征】工具条

图4-173 直接选择视图特征进行编辑

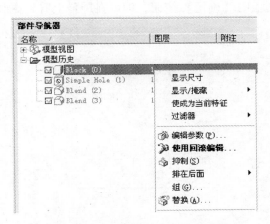

图4-174 利用【部件导航器】编辑特征

在图4-175所示的选择编辑特征对话框中选择要编辑的孔，确定后弹出如图4-176所示的【编辑参数】对话框。其选项如下：

图4-175 选择编辑特征对话框

图4-176 【编辑参数】对话框

●【特征对话框】 该选项用于编辑建立特征时的各种参数。选择该选项，将弹出创建所选特征时所用的相应对话框，编辑时只需在这个对话框里更改相应的参数，然后单击【确定】按钮即可。

●【重新附着】 用于重新指定所选特征的位置和方向。选择该选项，弹出如图 4-177 所示的【重新附着】对话框，根据所选特征的不同，可供使用的选择图标和类型也有所不同。

●●【定位尺寸列表框】 显示所选特征定位尺寸的类型。

●【方向参考】 重新定义参考方向。

●●【反向】 反转特征的参考方向。

●●【反侧】 反转放置面为基准平面的法向。

●●【指定原点】 特征快速定位时指定新的原点。

●●【删除定位尺寸】 删除所选择的定位尺寸。

●【更改类型】 主要用于编辑成型特征的类型。例如，要将简单孔改为沉头孔或埋头孔。选择该选项，弹出如图 4-178 所示的修改对应特征类型对话框，然后选中所需要的沉头孔或埋头孔，单击【确定】按钮，在弹出的参数对话框中输入相应的参数，再次单击【确定】按钮，系统将返回编辑特征参数对话框。待完成所有编辑后，单击编辑特征参数对话框上的【确定】按钮，即可在屏幕上看到更改后的结果。

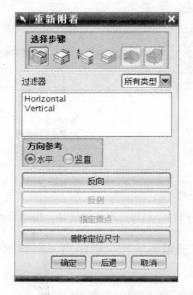

图 4-177 【重新附着】对话框

图 4-178 修改对应特征类型对话框

在类似于图 4-175 所示的选择编辑特征对话框中，选择要编辑的拉伸特征后，单击【确定】按钮，弹出如图 4-179 所示的编辑拉伸特征参数对话框。在该对话框中对拉伸特征参数进行编辑修改，最后单击【确定】按钮，完成编辑。

在类似于图 4-175 所示的选择编辑特征对话框中选择要编辑的回转特征后，单击【确定】按钮，弹出如图 4-180 所示的编辑回转特征参数对话框，在该对话框中对回转特征参数进行编辑修改，最后单击【确定】按钮，完成编辑。

在类似于图 4-175 所示的选择编辑特征对话框中选择要编辑的扫掠特征后，单击【确定】按钮，弹出如图 4-181 所示的编辑沿导引线扫掠特征参数对话框，在该对话框中选择一定的方式，对沿导引线扫掠特征参数进行编辑修改。

图 4-179　编辑拉伸特征参数对话框　　　　图 4-180　编辑回转特征参数对话框

在类似于图 4-175 所示的选择编辑特征对话框中选择要编辑的圆角特征后，单击【确定】按钮，弹出如图 4-182 所示的编辑圆角特征参数对话框，在该对话框中对圆角特征参数进行编辑修改，最后单击【确定】按钮，完成编辑。

在类似于图 4-175 所示的选择特征编辑对话框中选择要编辑的阵列特征，确定后弹出如图 4-183 所示的【编辑参数】对话框，该对话框根据所选特征的不同，其选项的多少和内容也有所不同，涉及原始特征和阵列特征。

图 4-181　编辑沿导引线扫掠　　　图 4-182　编辑圆角特征　　图 4-183　【编辑参数】对话框
　　　　　特征参数对话框　　　　　　　参数对话框

- 【特征对话框】　用于编辑阵列特征中原始特征的相关参数。选择该选项，在弹出的特征参数对话框中输入新的参数值，单击【确定】按钮，系统返回到编辑阵列参数对话框。待完成对所选阵列特征的全部编辑后，单击编辑阵列特征参数对话框上的【确定】按钮，完成编辑。
- 【实例阵列对话框】　用于编辑阵列的创建方式、成员的数目与成员之间的距离。选择该选项，在弹出的特征参数对话框中输入新的参数值，单击【确定】按钮，其后的操作过程与特征对话的操作过程类似。

● 【重新附着】 当编辑阵列特征中的原始特征时，重新定位原始特征。选择该选项，弹出如图 4-177【重新附着】对话框，可按前述方法进行编辑修改。

● 【更改类型】 改变阵列特征中原始特征的类型。选择该选项后，弹出修改对应特征类型对话框，可按前述方法进行编辑修改。

● 【引用计时】 当编辑阵列中有其他成员特征（非原始特征）时，用于编辑阵列成员的位置，如调整部分实例之间的距离，而不影响其他阵列之间的距离。

在类似于图 4-175 所示的选择特征编辑对话框中选择要编辑的倒角特征，确定后弹出如图 4-184 所示的编辑倒斜角特征参数对话框。在该对话框中对倒斜角特征参数进行编辑修改，最后单击【确定】按钮，完成编辑。

在类似于图 4-175 所示的选择编辑特征对话框中选择要编辑的抽壳特征后，单击【确定】按钮，弹出如图 4-185 所示的编辑抽壳特征参数对话框，在该对话框中对抽壳特征参数进行编辑修改，最后单击【确定】按钮，完成编辑。

图 4-184　编辑倒斜角特征参数对话框　　　　图 4-185　编辑壳特征参数对话框

其他的特征各有不同的编辑参数对话框与其对应，其编辑方法与创建它们的方法相类似，这里不再讨论。

实际上前面所讨论的特征编辑都可以从图 4-186 所示的【部件导航器】下拉菜单中进

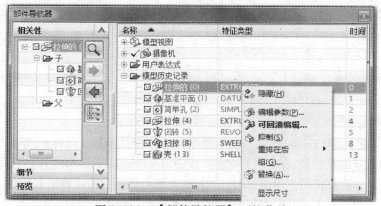

图 4-186　【部件导航器】下拉菜单

行编辑修改，并且更为快捷方便。

4.5.2 编辑位置

通过编辑特征的定位尺寸改变特征的位置。选择菜单命令【编辑】→【特征】→【编辑位置】或单击图标，弹出类似于图 4-175 所示的选择编辑特征对话框，此时既可以直接在实体上选择要编辑位置的特征，也可以在该对话框的特征列表框中选择要编辑位置的特征。然后单击【确定】按钮，弹出如图 4-187 所示的【编辑位置】对话框。编辑位置共有 3 种操作：添加尺寸、编辑尺寸值和删除尺寸。

1. 添加尺寸

在实体和特征之间添加定位尺寸，主要用于特征尚未定位或定位尺寸不全。选择该选项，弹出如图 4-188 所示的【定位】方式对话框，选择合适的定位方式后，改变距离，则可增加所需的定位尺寸。

图 4-187　【编辑位置】对话框　　　　图 4-188　【定位】方式对话框

2. 编辑尺寸值

编辑修改特征的定位尺寸值，对已定位的特征进行位置修改。选择该选项，弹出如图 4-189 所示的编辑位置对话框，选取要修改的定位尺寸后，弹出如图 4-187 所示的编辑表达式对话框，输入所需的值，单击【确定】按钮，完成所选定尺寸的修改。

3. 移除尺寸

移除特征所指定的定位尺寸。选择该选项，弹出如图 4-191 所示的移除定位对话框，选取要移除的定位尺寸，确定后即可将所选的定位尺寸删除。

图 4-189　选择定位尺寸对话框　　　图 4-190　输入定位尺寸对话框　　　图 4-191　【移除定位】对话框

4.5.3 移动特征

将一个非相关的特征（未曾定位的特征）移动到指定的位置。选择菜单命令【编辑】→【特征】→【移动】或单击图标 ，弹出类似于图4-175所示的选择编辑特征对话框，此时既可以直接在实体上选择要移动的特征，也可以在该对话框的特征列表框中选择要移动的特征。然后单击【确定】按钮，弹出如图4-192所示的【移动特征】对话框。移动特征共有如下4种操作。

（1）相对移动 DCX、DCY、DCZ。相对特征当前的位置，沿 X、Y、Z 方向移动的增量值。

（2）至一点。指定一个参考点（原位置 A）和一个目标点，两点之间的距离为移动距离。

（3）在两轴间旋转。将所选特征以一定角度绕指定点从参考轴旋转至目标轴。选择该选项，弹出点构造器对话框，指定一点作为参考点后，弹出矢量构造器对话框，构造一矢量作为参考轴，再构造另一矢量作为目标轴即可。

（4）CSYS 到 CSYS（坐标系到坐标系）。将特征从参考坐标系中的相对位置移到目标坐标系中的同一位置。选择该选项，弹出如图4-193所示的坐标系对话框，构造一个坐标系为参考坐标系，再构造另一个坐标系为目标坐标系即可。

图4-192　【移动特征】对话框　　　　图4-193　【CSYS】对话框

图4-194所示为特征从参考坐标系移到目标坐标系中同一位置的示例。

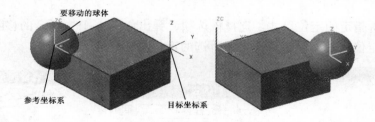

图4-194　坐标系到坐标系示例

4.5.4 特征重排序

特征造型是有序进行的，系统自动按照顺序在特征名后编号，这个编号称为时间标记。

特征重排序可以改变特征生成的顺序。重排序是将某个特征放在一个参考特征的前面或后面。

选择菜单命令【编辑】→【特征】→【重排序】或单击图标 ，弹出如图4-195所示的【特征重排序】对话框。特征重新排序时，首先在基准特征列表框中选择需要排序的特征，同时在重排序特征列表框中列出可调整顺序的特征。设置【在前面】或【晚于】的排序方式，然后从重新排序特征列表框中选择一个要重新排序的特征，单击【确定】或【应用】按钮，则将所选特征重新排在基准特征之前或之后。

更简便的方法是选择部件导航器图标，弹出窗口如图4-196所示。

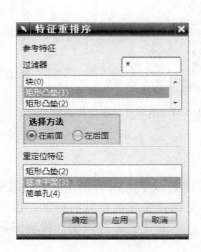

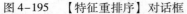

图4-195 【特征重排序】对话框   图4-196 【部件导航器】窗口特征重排序

选择要重排序的特征，例如，简单孔（4），按鼠标右键，弹出下拉菜单，选【重排在前】，选择矩形凸垫（1），则简单孔就排在矩形凸垫之前了。

还可以用左键选中要重排序的特征，按住左键将重排序的特征拖动到所需要的位置即可。

4.5.5 抑制特征和取消抑制特征

抑制特征是暂时从屏幕上移去所选的特征，即特征不可见。取消抑制特征是使已抑制的特征恢复到原来的状态。

选择菜单命令【编辑】→【特征】→【抑制】或单击图标 ，弹出如图4-197所示的【抑制特征】对话框，图中示例将一个圆台和孔抑制。抑制的特征如果有子特征，则子特征同时被抑制。

抑制特征的主要用途是：

（1）减少模型的数据量，以加快生成、编辑的处理速度。

（2）对于一些非关键特征，如一些小圆、小孔、倒角等抑制后，便于有限元分析。

（3）产生一个新特征可能有冲突，例如，成型特征的定位是相对于一条棱边，但倒圆后这条边不存在，那么可以先将圆角特征抑制，用边进行定位后，再取消圆角特征的抑制。

取消抑制特征是抑制特征的逆过程，选择要取消抑制的特征，单击【确定】按钮，即完成取消抑制特征。

更简便的方法是选择部件导航器图标，弹出窗口如图4-198所示，将所选特征前面的绿色√去掉，即可抑制特征。

图4-197 【抑制特征】对话框

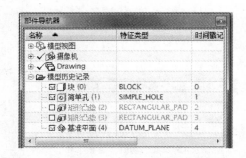

图4-198 由部件导航器抑制特征

4.5.6 使用可回滚编辑

选择菜单命令【编辑】→【特征】→【可回滚编辑】或单击图标，弹出如图4-199所示的选择编辑特征对话框，此时既可以直接在实体上选择要编辑参数的特征，也可以在该对话框的特征列表框中选择要编辑参数的特征。然后单击【确定】按钮，弹出编辑参数对话框。

【可回滚编辑】选项可以使模型临时回退到特征创建时的状态，如图4-200所示。

图4-199 选择编辑特征对话框

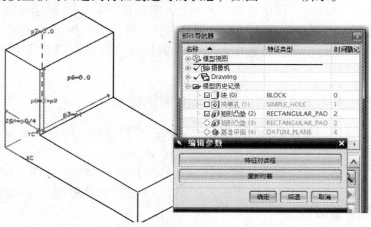

图4-200 使用回滚编辑示例

4.5.7　替换

使用替换特征可以改变设计几何，而不必给所有相依赖的特征重新建模。可以替换应用在创建一个物体上的特征，如基准特征和曲线特征，然后将相依赖的特征从第一物体应用到第二物体上。在第一物体上的原始特征和基准被新特征替代，而维持与下游特征的相关性。

替换特征是一个强大和灵活的工具，可以在许多方面应用：

● 替换从外部软件输入的老版本的物体，并更新到同样物体的新版本，而不需以后重新建模。

● 用另外不同方法建模的曲面替换现在的曲面。

● 用不同方法给物体中的一组特征重新建模。

● 重新指定下游特征的选择意图。

● 重新指定替换特征的输入特征，以便可以被下游特征使用。

选择菜单命令【编辑】→【特征】→【替换】或单击图标🖌，弹出如图4-201所示的【替换特征】对话框。单击【原始特征】图标，选择原始特征。单击【替换特征】，选择被替换的特征。系统要求重新选择下游特征的父特征。单击【父映射】图标，弹出如图4-202所示的【替换特征】对话框，显示左右两幅视图，在右边视图中选择要映射的子特征，单击【确定】，则原始特征被替换特征替换。图4-203所示为替换特征示例。

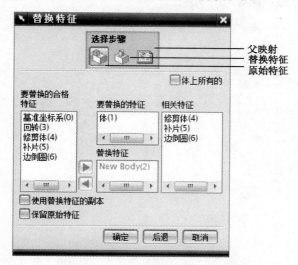

图4-201　【替换特征】对话框

图4-202　【替换特征】对话框

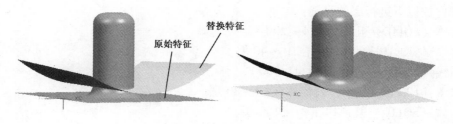

图4-203　【替换特征】示例

4.5.8 移除参数

【移除参数】可以移除一个或多个实体和片体的所有参数。还可以移除相关于特征的曲线或点的参数，使其与特征无关。

选择菜单命令【编辑】→【特征】→【移除参数】或单击图标，弹出如图 4-204 所示的【移除参数】对话框，此时可以直接选择几何体，然后单击【确定】按钮，弹出如图 4-205 所示警告信息对话框，再单击【确定】按钮，完成几何体移除参数操作。

图 4-204 【移除参数】对话框

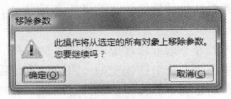
图 4-205 警告信息对话框

4.6 案例

4.6.1 套筒

绘制的套筒如图 4-206 所示，相关的尺寸见图 4-207 所示。

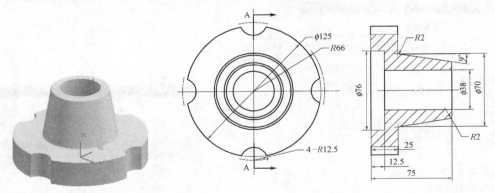

图 4-206 套筒三维模型　　　　　　图 4-207 套筒尺寸

操作步骤如下：

（1）打开文件 Standards_mm.prt，并以别的名字另存文件，例如 xxx_collet.prt，进入建模环境。

本部件按以下进行层的设置：

- 实体（SOLID）几何体在 1~20 层。
- 草图（SKETCH）几何体在 21~40 层。
- 曲线（CURVE）几何体在 41~60 层。
- 参考（REFERENCE）几何体在 61~80 层。
- 片体（SOLID）几何体在 81~100 层。
- 制图（DRAFING）物体在 101~120 层。

具体设置见图 4-208 所示。

（2）创建一个放置在 WCS 原点的圆柱体。选择菜单命令【插入】→【设计特征】→【圆柱体】或单击图标 ▇，使用【轴、直径和高度】方法，将圆柱的方位定为 WCS 的 ZC 轴。输入直径值 125 和高度值 25，接着将圆柱体的圆点位置指定为 0，0，0，如图 4-209 所示。

（3）在圆柱的顶面创建一个带斜角的圆台。选择菜单命令【插入】→【设计特征】→【凸台】或单击图标 ▇，输入特征参数（70（直径），50（高度），9（角度））。将圆柱的顶面选择为放置面。

（4）将圆台放置在圆柱顶面的中心。选择点到点图标，选择圆柱顶面的边缘，再选择圆弧中心选项，如图 4-210 所示。

图 4-208　层设置

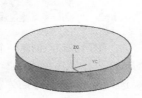

图 4-209　创建圆柱体

图 4-210　创建圆台

（5）创建一个沉头孔，将圆柱底面作为放置面，孔穿过整个部件。选择菜单命令【插入】→【设计特征】→【孔】或单击图标 ▇，选择沉头孔图标，输入特征参数 76（沉头直径），12.5（沉头高度），38（孔直径））。将圆柱的底面选择为孔放置面，将圆台的顶面选择为孔的穿越面。

（6）将沉头孔放置在圆柱顶面的中心。选择点到点图标，选择圆柱顶面的边缘，再选择圆弧中心选项，如图 4-211 所示。

（7）将 61 作为工作层。

（8）创建一个穿过圆柱轴线的基准面。选择菜单命令【插入】→【基准/点】→【基准平面】或单击图标 □，选择圆柱的轴线，单击【确定】。

（9）创建一个穿过圆柱轴线并与上步聚作出的基准面相垂直的基准面，选择上步聚作出的基准面，选择圆台的轴线，确定角度值为 90°，单击【确定】，如图 4-212 所示。

图 4-211　创建沉头孔

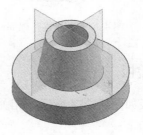

图 4-212　创建基准面

（10）沿圆柱体的中心创建一个基准轴。选择菜单命令【插入】→【基准/点】→【基准轴】或单击图标■，选择圆柱面，单击【确定】，如图4-213所示。

（11）在圆柱体的顶面创建一个简单贯穿孔，并将其中心定位于部件的外边缘。选择菜单命令【插入】→【设计特征】→【孔】或单击图标■，选择简单孔图标，输入直径值25。选择圆柱体的顶面作为放置面，选择圆柱体底面作为孔的穿越面。

（12）选择【点到线】按钮，将沿YC轴的基准面选择为目标边，选择【垂直】按钮，选择沿XC轴的基准面作为目标边，键入66作为孔中心与基准面的距离，如图4-214所示。

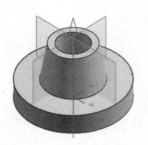
图4-213　创建基准轴

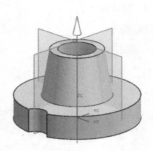
图4-214　创建一个简单贯穿孔

（13）沿套筒边缘绕基准轴阵列孔。选择菜单命令【插入】→【关联复制】→【引用特征】或单击图标■，选择圆周阵列。在对话框中选择最后的简单孔特征，单击【确定】。在【实例】对话框中选择常规方法，键入阵列数字4，角度90°，单击【确定】。选择基准轴方法作为选择旋转轴方法，选择图中基准轴，如阵列显示正确，选择【是】，如图4-215所示。

（14）在圆台上边缘以及圆台与圆柱相交处倒圆。将1层作为工作层，让61层不可见。选择菜单命令【插入】→【细节特征】→【边倒圆】或单击图标■，选择两个边，键入倒圆半径值2，单击【确定】，如图4-216所示。

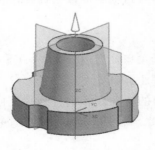
图4-215　创建孔圆周阵列

图4-216　创建边倒圆

4.6.2　盖板

绘制的盖板如图4-217所示，相关尺寸见图4-218所示。

操作步骤如下：

（1）打开文件Standards_mm. prt，并以别的名字另存文件，例如xxx_cover. prt，进入建模环境。

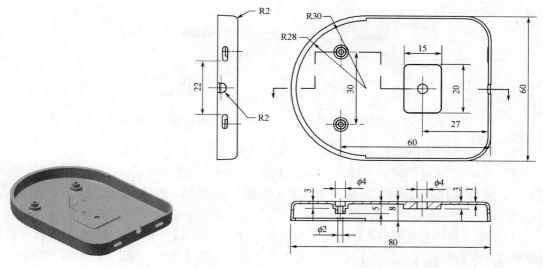

图 4-217　盖板三维模型　　　　　　　　图 4-218　盖板部分尺寸

（2）创建一个放置在 WCS 原点的圆柱体。选择菜单命令【插入】→【设计特征】→【圆柱体】或单击图标⬜，使用【直径，高】方法。将圆柱的方位定为 WCS 的 ZC 轴。输入直径值 60 和高度值 8，接着将圆柱体的圆点位置指定为 0，0，0，如图 4-219 所示。

（3）将 61 作为工作层。

（4）创建一个穿过圆柱轴线的基准面。选择菜单命令【插入】→【基准/点】→【基准平面】或单击图标⬜，选择圆柱的轴线，单击【确定】。

（5）创建一个穿过圆柱轴线并与上步骤作出的基准面相垂直的基准面。选择上步骤作出的基准面，选择圆台的轴线，确定角度值为 90°，单击【确定】，如图 4-220 所示。

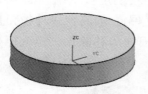

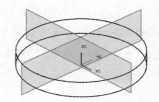

图 4-219　创建圆柱体　　　　　　　图 4-220　创建两个基准面

（6）将 41 作为工作层。

（7）使用"YC"基准平面创建相交曲线，确定这些曲线将与部件相关。选择菜单命令【插入】→【来自体的曲线】→【求交】或单击图标⬛。确认第一组选择图标高亮显示，开启关联选项。将选择工具条中的面规则设置为体的面，选择圆柱。选择第二组选择图标，选择"YC"基准平面，单击【确定】，创建出的相交曲线如图 4-221 所示。

（8）拉伸相交曲线。选择菜单命令【插入】→【设计特征】→【拉伸】或单击图标⬛，将选择工具条中的曲线规则设置为相连的曲线，选择 4 条曲线中的一条。拖拉操作使拉伸起始值为0,终止值为50,选择求和选项,单击【确定】,结果如图4-222所示。

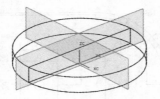

图4-221　创建相交曲线

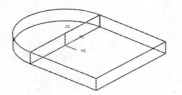

图4-222　创建拉伸体

(9) 将1层作为工作层,让41层、61层不可见。

(10) 给两个角落倒圆。选择菜单命令【插入】→【细节特征】→【边倒圆】或单击图标,选择部件右边的两个垂直边,键入倒圆半径值10,单击【确定】,如图4-223所示。

(11) 给部件的垂直面做拔模操作。选择菜单命令【插入】→【细节特征】→【拔模】或单击图标,使用【从平面】类型,将展开方向的选项【指定矢量】改变为-ZC轴,以便矢量方向向下。确认【固定面】按钮被选择,选择垂直边上端的末尾点。确认【要拔模的面】按钮被选择,将选择工具条中的面规则设置为【相切面】,选择部件的任何一个侧面,键入拔模角度值3,单击【确定】,完成拔模操作,如图4-224所示。

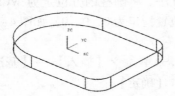

图4-223　给两个角落创建边倒圆

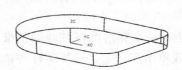

图4-224　侧面拔模

(12) 给部件的底边倒圆。选择菜单命令【插入】→【细节特征】→【边倒圆】或单击图标,选择模型的底边,键入倒圆半径值2,单击【确定】,结果如图4-225所示。

(13) 给几何体抽壳。选择菜单命令【插入】→【偏置/缩放】→【抽壳】或单击图标,确认要冲裁的面选项高亮显示,选择部件的顶面作为移除面,键入厚度值1,单击【确定】,如图4-226所示。

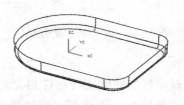

图4-225　底边倒圆

图4-226　几何体抽壳

(14) 在右壁的上部创建一个小切口。选择菜单命令【插入】→【设计特征】→【键槽】或单击图标,确认关闭【通槽】选项,选择【矩形】键槽,选择右外面,选择"XC"基准平面作为水平参考,键入键槽的参数7,4,1。

（15）给键槽定位。选择【线在线上】按钮 ⼯，选择键槽所处壁的上边缘，再选择键槽的水平中心线，选择【点在线上】按钮 ⊥，选择"XC"基准平面，再选择键槽的垂直中心线，如图 4-227 所示。

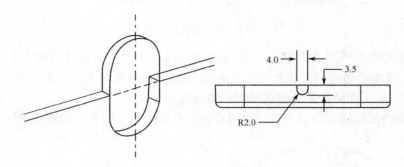

图 4-227　创建键槽

（16）在部件右壁的上部创建一个键槽。选择菜单命令【插入】→【设计特征】→【键槽】或单击图标 ，确认关闭【通槽】选项，选择【矩形】键槽，选择右外面，选择键槽将要所处壁的上边缘作为水平参考，键入键槽的参数 6，2，1。

（17）用壁的上边缘定位键槽。选择【以距离平行】按钮 ⼯，选择壁的上面外边缘，再选择键槽的水平中心线，距离值为 3，选择【以距离平行】按钮 ⼯，选择垂直的中间基准平面，再选择键槽的垂直中心线，距离值为 14，如图 4-228 所示。

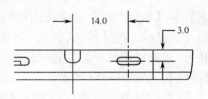

图 4-228　创建另外一个键槽

（18）在部件内部的底表面创建圆台。选择菜单命令【插入】→【设计特征】→【凸台】或单击图标 ，输入特征参数 6，2，3。选择部件内部的底表面为放置面。

（19）使用两个基准平面定位圆台。选择【垂直】按钮 ，选择两个基准平面中的一个，键入距离值。再选择另外一个基准平面，同样键入距离值，结果如图 4-229 所示。

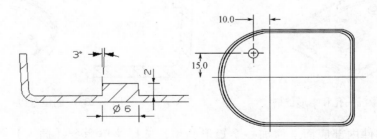

图 4-229　创建圆台

（20）在圆台的顶面创建另外一个圆台。选择菜单命令【插入】→【设计特征】→【凸台】或单击图标 ，输入特征参数 4，2，3。选择圆台的顶面作为放置面。

（21）给圆台定位。使用点在点上方法定位，如图 4-230 所示。

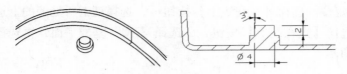

图 4-230　创建另外一个圆台

（22）在部件底部外表面创建一个贯通的沉头孔。选择菜单命令【插入】→【设计特征】→【孔】或单击图标，选择沉头孔图标，输入特征参数 4，2，2。将底部外表面选择为孔放置面，将上面圆台的顶面选择为孔的通过面。

（23）沿圆台的轴线定位沉头孔。使用点在点上方法定位圆台，如图 4-231 所示。

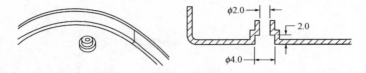

图 4-231　创建沉头孔

（24）使用"XC"基准平面镜像沉头孔和矩形键槽。选择菜单命令【插入】→【关联复制】→【镜像特征】或单击图标，在【镜像特征】对话框中确认【选择特征】选择步骤按钮高亮显示。在【候选特征】列表窗中，选择要镜像的 4 个特征（键槽、2 个凸台和沉头孔），选择【镜像平面】选项使按钮高亮显示，再选择"XC"基准平面作为镜像平面，单击【确定】，如图 4-232 所示。

（25）拉伸部件的内部上边缘沿部件的内部弯曲边缘创建弯边。选择菜单命令【插入】→【设计特征】→【拉伸】或单击图标，将选择工具条中的曲线规则设置为单条曲线，再选择部件内部的上边缘，起始距离为 0，终止距离为 1（根据方向取正或负值）。第一偏置为 0，第二偏置为 1（根据方向取正或负值），然后使用【求和】选项，单击【确定】，如图 4-233 所示。

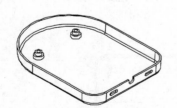
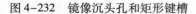
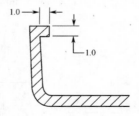
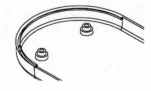

图 4-232　镜像沉头孔和矩形键槽　　　　　　图 4-233　创建弯边

（26）在部件内部底面上增加一个矩形凸垫，选择菜单命令【插入】→【设计特征】→【凸垫】或单击图标，使用【矩形】方法，再选择部件内部底面作为放置面，选择"YC"基准平面作为水平参考方向，键入凸垫的参数 20，15，2，2，3，单击【确定】，如图 4-234 所示。

（27）按部件从左到右中心定位凸垫。用部件右侧的内部底边缘定义凸垫的中心距离。选择【线在线上】按钮，再选择平行于两个直外壁的中心基准平面，选择凸垫的垂直中心线，选择【垂直】按钮，再选择（倒圆）的内部底面的光滑边缘，选择凸垫的水平中心线，输入距离值25，单击【确定】，如图4-235所示。

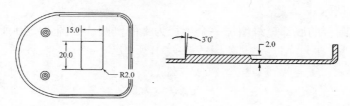

图4-234　创建凸垫

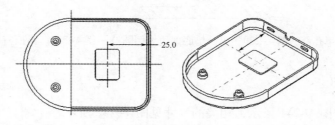

图4-235　定位凸垫

（28）将62层置为工作层。

（29）创建一个平行于"YC"基准平面并经过凸垫最上面左边缘的基准平面。选择菜单命令【插入】→【基准/点】→【基准平面】或单击图标□，选择"YC"基准平面，选择凸垫上面左边缘，不要选中控制点。输入角度值0，单击【确定】，如图4-236所示。

（30）用同样的方法创建一个平行于"YC"基准平面并经过凸垫最上面右边缘的基准平面。

（31）最后，创建一个位于两基准平面中间的中心基准平面。分别选择两基准平面，单击【确定】，如图4-237所示。

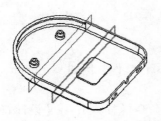
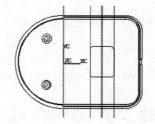

图4-236　创建基准平面　　　　图4-237　创建中心基准平面

（32）创建一个穿过部件和凸垫的简单孔。选择菜单命令【插入】→【设计特征】→【孔】或单击图标，选择【简单孔】选项。键入孔直径4。

（33）选择部件的底面作为放置面，选择凸垫的顶面作为贯通面。

（34）选择【点在线上】按钮，选择"XC"基准平面，再选择【点在线上】按钮，选择位于两凸垫边缘基准平面两者中心的基准平面，单击【确定】，如图4-238所示。

（35）将1层置为工作层，然后让61层和62层不可见。

（36）沿凸垫的底部边缘加一个半径为 2 的倒圆，选择菜单命令【插入】→【细节特征】→【边倒圆】或单击图标，选择凸垫的底部边缘，键入倒圆半径值 2，单击【确定】，如图 4-239 所示。

（37）沿所有圆台的底部边缘增加一个半径为 1 的倒圆，如图 4-240 所示。

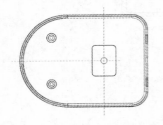
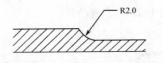
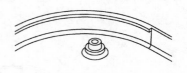

图 4-238　创建简单孔　　　图 4-239　沿凸垫底部边缘倒圆　　　图 4-240　沿所有圆台底部边缘倒圆

4.6.3　支架

绘制的支架如图 4-241 所示，相关的尺寸见图 4-242 所示。

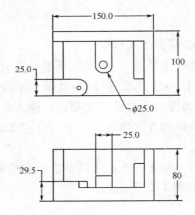

图 4-241　支架三维模型　　　图 4-242　支架部分尺寸

支架操作步骤如下：

（1）打开文件 Standards_mm.prt，并以别的名字另存文件，例如 xxx_fixture.prt，进入建模环境。

创建一个放置在 WCS 原点的长方体。选择菜单命令【插入】→【设计特征】→【长方体】或单击图标，使用【原点，边长】方法，XC 长度取为 150，YC 长度取为 100，ZC 长度取为 80，并定位于原点，如图 4-243 所示。

（2）给几何体抽壳。选择菜单命令【插入】→【偏置/缩放】→【抽壳】或单击图标，选择【要裁剪的面】的选择面按钮，使其高亮，键入壁的默认厚度值 15，按图 4-244 所示箭头选择作为裁剪面的 3 个面，再选择【备选厚度】的选择面按钮，使其高亮，键入 20 作为变厚度值，选择部件的底面，单击【应用】，完成抽壳，如图 4-244 所示。取消对话框。

图4-243　创建长方体

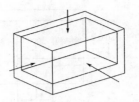

图4-244　几何体抽壳

（3）在部件基础的上表面增加一个矩形凸垫。选择菜单命令【插入】→【设计特征】→【凸垫】或单击图标，使用【矩形】方法，再选择基础的上表面作为放置面，选择部件的前边缘作为水平参考方向，键入凸垫的参数50，25，9.5，0，0，单击【确定】。

（4）将凸垫定位于基础的前边缘和左边缘。选择【线在线上】按钮，选择基础的上面前边缘，再选择凸垫的底部前边缘。选择【线在线上】按钮，选择基础的上面左边缘，再选择凸垫的底部左边缘，结果如图4-245所示。

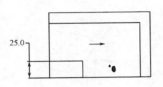
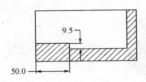

图4-245　创建矩形凸垫

（5）给凸垫右端的两条垂直边缘倒圆。选择菜单命令【插入】→【细节特征】→【边倒圆】或单击图标，选择凸垫的两个短的垂直边缘，键入倒圆半径值12.5，单击【确定】，如图4-246所示。

（6）将61层设置为工作层。

（7）在部件右侧面和左侧面的中心建立一个基准面。选择菜单命令【插入】→【基准/点】→【基准平面】或单击图标，选择部件右侧面，再选择部件左侧面，单击【确定】，如图4-247所示。

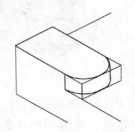

图4-246　凸垫垂直边缘倒圆

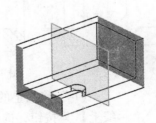

图4-247　创建中心基准面

（8）重新将1层设置为工作层。

（9）在部件基础上创建一个凸垫，尺寸如图4-248所示。选择菜单命令【插入】→【设计特征】→【凸垫】或单击图标，使用【矩形】方法，再选择基础的上表面作为放置面，选择部件的左侧面作为水平参考方向，键入凸垫的参数50，25，19，0，0，单击【确定】。

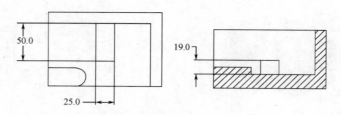

图 4-248　凸垫尺寸

（10）将凸垫的中心与部件的中心重合。【选择线在线上】⊥按钮，选择基准面，再选择沿 YC 轴方向凸垫的中心线，接着选择【线在线上】⊥按钮，选择基础的上面左边缘，再选择凸垫的后面底部边缘，单击【确定】，创建的凸垫如图 4-249 所示。

（11）给刚创建的凸垫的两条垂直边缘倒圆。选择菜单命令【插入】→【细节特征】→【边倒圆】或单击图标 ，选择凸垫的两个垂直边缘，键入倒圆半径值 12.5，单击【确定】，如图 4-250 所示。

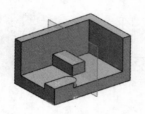

图 4-249　创建凸垫

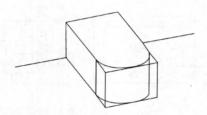

图 4-250　凸垫垂直边缘倒圆

（12）使 61 层不可见。

（13）在部件的内部右面上创建一个凸垫，尺寸如图 4-251 所示。选择菜单命令【插入】→【设计特征】→【凸垫】或单击图标 ，使用【矩形】方法。再选择右壁的内表面作为放置面，选择右壁上边缘作为水平参考方向，键入凸垫的参数 60，38，15，0，0，单击【确定】。

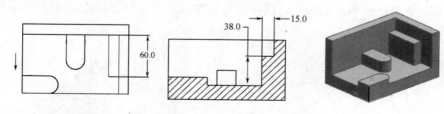

图 4-251　凸垫尺寸

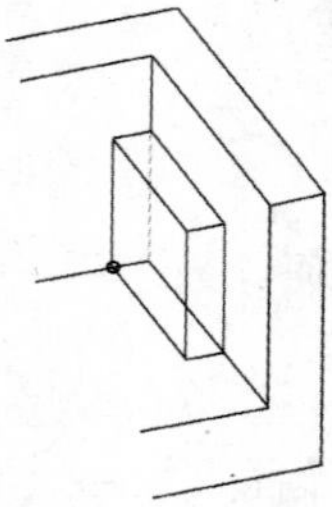

（14）将凸垫的底边定位于部件内部角落的底边处。选择【线在线上】⊥按钮，选择基础的上面前边缘，再选择凸垫的底部前边缘。选择【线在线上】⊥按钮，选择基础的上面左边缘，再选择凸垫的底部左边缘，单击【确定】，创建的凸垫如图 4-252 所示。

（15）将 21 层设置为工作层。

（16）在部件的左面上创建一个草图。选择菜单命令【插入】→【草图】或单击图标 ，使用默认的草图名，确认【草图平面】按钮激活，选择部件左边 L 型面，如果类似图 4-253 所示，选择【确定】。

图 4-252　创建另外一个凸垫

（17）选择【投影曲线】图标。

（18）选择图 4-254 所示的三条粗边，再选择【确定】。

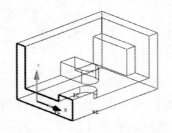
图 4-253 选择在 L 型面创建草图

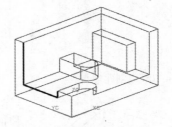
图 4-254 提取三条边缘

（19）隐藏实体以便可以更好地看见提取的曲线。

（20）在两个垂直直线的上端点之间创建一条直线。选择直线图标，再选择两个垂直直线的上端点，单击鼠标中键结束画线，结果见图 4-255 所示，选择【完成草图】图标。

（21）取出隐藏的实体。

（22）拉伸草图，并与实体相加。选择菜单命令【插入】→【设计特征】→【拉伸】或单击图标，选择草图，使拉伸起始值为 0，终止值为-15，选择【求和】选项，单击【确定】，如图 4-256 所示。

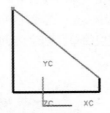
图 4-255 创建草图中的直线

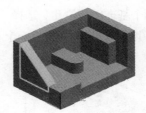
图 4-256 拉伸草图

（23）将 1 层设置为工作层。

（24）使 21 层不可见。

（25）在部件底部创建一个埋头孔。选择菜单命令【插入】→【设计特征】→【孔】或单击图标，选择【埋头孔】图标，输入特征参数 16，82，6.4。将底部外表面选择为孔放置面，将凸垫顶面选择为孔的通过面，单击【确定】。

（26）用左边凸垫倒圆的中心定位埋头孔。选择【点在点上】图标，选择凸垫上倒圆边，出现设置圆弧的位置对话框，选择【圆弧中心】选项，完成埋头孔创建，如图 4-257 所示。

（27）在部件中间凸垫底部创建一个沉头孔。选择菜单命令【插入】→【设计特征】→【孔】或单击图标，选择【沉头孔】图标，输入特征参数 21，5，12.5。将底部外表面选择为孔放置面，将凸垫顶面选择为孔的通过面，单击【确定】。

（28）用左边凸垫倒圆的中心定位埋头孔。选择【点在点上】图标，选择凸垫上倒圆边，出现设置圆弧的位置对话框，选择【圆弧中心】选项，完成沉头孔创建，如图 4-258 所示。

（29）将 62 层设置为工作层。

（30）在凸垫顶面与基础顶面中间创建一个基准平面。选择菜单命令【插入】→【基准

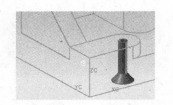

图 4-257 创建埋头孔

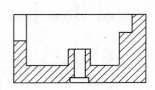
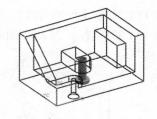

图 4-258 创建沉头孔

/点】→【基准平面】或单击图标□，选择凸垫的水平顶面，再选择基础顶面，单击【应用】，完成基准平面的创建，如图 4-259 所示。

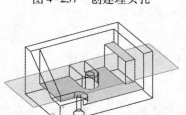

图 4-259 创建基准平面

（31）在凸垫壁的前面与后壁前面中间创建另外一个基准平面。选择菜单命令【插入】→【基准/点】→【基准平面】或单击图标□，按图 4-260 所示选择凸垫壁的前面，再选择后壁前面，单击【确定】，完成基准平面的创建，如图 4-260 所示。

（32）在部件右壁的外表面上创建一个贯通孔。选择菜单命令【插入】→【设计特征】→【孔】或单击图标🔩，选择【简单孔】图标🔲，输入特征参数 10。将部件右壁的外表面选择为孔放置面，将凸垫顶面选择为孔的通过面，单击【确定】。

（33）利用两个基准面定位孔。选择【点在线上】图标⊥，选择其中的一个基准平面，再选择【点在线上】图标⊥，再选择另外一个基准平面，完成简单孔创建，如图 4-261 所示。

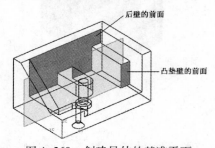

图 4-260 创建另外的基准平面

图 4-261 创建简单孔

（34）将 1 层设置为工作层。

（35）让 61 层和 62 层不可见。

（36）倒圆。选择菜单命令【插入】→【细节特征】→【边倒圆】或单击图标🔩，按图 4-262 选择边，键入倒圆半径值 2，单击【确定】，如图 4-262 所示。

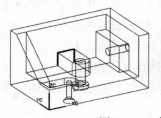

图 4-262 创建边倒圆

（37）再倒圆。选择菜单命令【插入】→【细节特征】→【边倒圆】或单击图标 ，按图 4-263 选择边，键入倒圆半径值 2，单击【确定】，如图 4-263 所示。

（38）再倒圆。选择菜单命令【插入】→【细节特征】→【边倒圆】或单击图标 ，按图 4-264 选择边，键入倒圆半径值 2，单击【确定】，如图 4-264 所示。

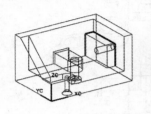 

图 4-263　再创建边倒圆

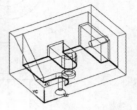 

图 4-264　再创建边倒圆

本 章 练 习

4.1　绘制连杆。连杆三维模型如图 4-265 所示，相关尺寸见图 4-266 所示。

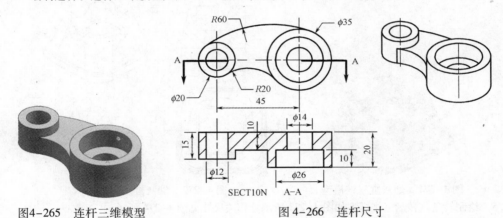

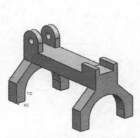

图 4-265　连杆三维模型

图 4-266　连杆尺寸

4.2　绘制支架。支架三维模型如图 4-267 所示，相关的尺寸见图 4-268 所示。

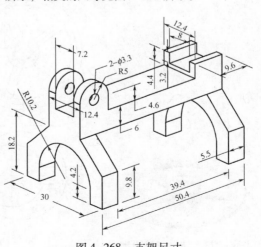

图 4-267　支架三维模型

图 4-268　支架尺寸

4.3 绘制接头。接头三维模型如图4-269所示，相关尺寸见图4-270所示。

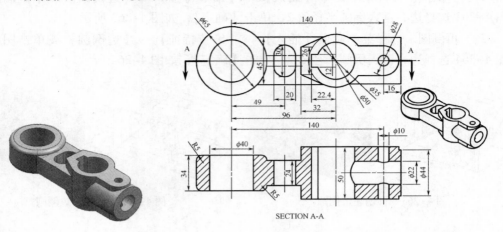

图4-269 接头三维模型　　　　　　　　　　图4-270 接头尺寸

4.4 绘制烟灰缸。烟灰缸三维模型如图4-271所示，相关尺寸见图4-272所示。

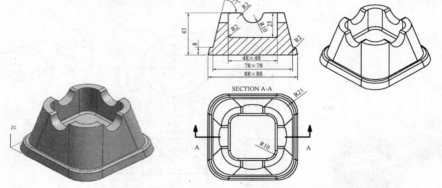

图4-271 烟灰缸三维模型　　　　　　　　　图4-272 烟灰缸尺寸

4.5 绘制转盘。转盘三维模型如图4-273所示，相关尺寸见图4-274所示。

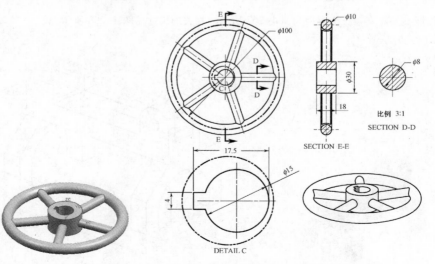

图4-273 转盘三维模型　　　　　　　　　　图4-274 转盘尺寸

第5章　曲　　面

UG 的曲面造型用于设计复杂的自由形状外型，可独立生成实体和片体。

曲面除了通过菜单命令操作实现外，还可以通过工具条图标实现。图 5-1 所示为【曲面】与【编辑曲面】工具条。

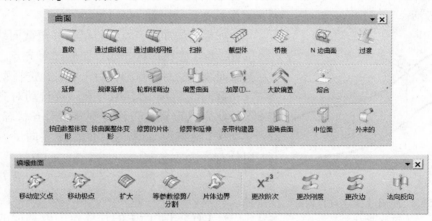

图 5-1　【曲面】与【编辑曲面】工具条

5.1　曲线构造曲面

5.1.1　建立直纹面

建立直纹面命令是利用两条曲线构造一个直纹面。也就是在截面线上对应点之间以直线相连。选择菜单命令【插入】→【网格曲面】→【直纹面】或单击图标，系统弹出如图 5-2 所示的【直纹面】对话框。选择截面线串 1，使用鼠标中键确认或单击图标；选择截面线串 2，曲线上出现箭头，注意两条曲线的箭头要一致，否则会导致曲面扭曲。

图 5-2　【直纹面】对话框

1. 对话框说明

● 【对齐】

●● 【参数】 表示空间上的点会沿着指定的曲线以相等参数的距离穿过曲线产生片体。

●● 【弧长】 表示空间上的点会沿着指定的曲线以相等弧长的距离穿过曲线产生片体。

●● 【根据点】 根据所选择点的顺序在连接线上定义片体的路径走向。主要用在连接线中，在所选的形体之中包含有角点时使用该项。

在选择【根据点】选项后，选择【指定对齐点】以便观察默认对齐点以及连接各截面线之间的对齐线。为移动对齐点，选择对齐点沿截面线拖动点，见图5-3，拖动时【捕捉点】选项激活。

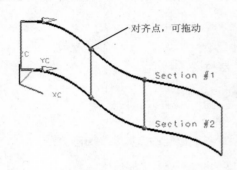

图5-3 使用【指定点】时
可修改对齐点

如果要增加对齐点，将鼠标移至截面线上的合适位置，单击左键即可。如果要删除对齐点，将鼠标移至截面线上的对齐点处，单击右键，选择删除即可。

截面线1、2的起始与末尾点自动对齐，不可删除。使用【重置】可恢复到默认对齐状态。

●● 【距离】 将所选择的曲线在向量方向等间距切分。

●● 【角度】 用于定义角度转向，沿方向向量扫过，并将所选择的曲线沿一定的角度均分。

●● 【脊线】 产生的片体范围以选取的脊线长度为准，所选取的脊线平面必须与曲线的平面垂直。

● 【保留形状】 允许保持尖边，相当于公差为零。覆盖输出曲面的近似。

● 【公差】 设置产生的片体与所选取的截面曲线之间的误差值。

2. 建立直纹面的操作步骤

（1）选择【插入】→【网格曲面】→【直纹面】或单击图标 。

（2）单击图标 ，选择第1条曲线串，如果由多段组成，全部选完后，使用鼠标中键确认或单击图标 ，选择第2条曲线串，注意出现在曲线上的箭头方向要一致。如果脊线串图标高亮显示，则还需要选择脊线串。

（3）选择对齐方式，按照输入曲线的类型选择需要的对齐方式，单击【确定】按钮，生成曲面。

图5-4所示为由两条曲线生成的直纹面，【对齐】方式为【参数】。

图5-5所示为由两条曲线生成的直纹面，【对齐】方式为【弧长】。

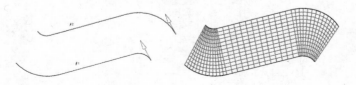

图5-4 【参数】对齐方式生成的直纹面

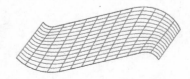

图5-5 【弧长】对齐方式生成的直纹面

练习文件：ruled. prt。

5.1.2 通过曲线组

输入截面曲线构造曲面，选择【插入】→【网格曲面】→【通过曲线组】或单击图标，系统弹出如图5-6所示的【通过曲线组】设置参数对话框。

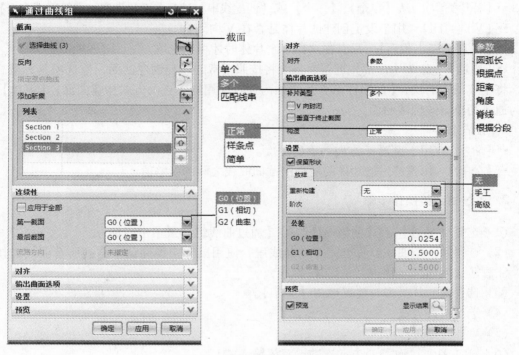

图5-6 【通过曲线组】对话框

1. 对话框说明

● 【截面】

●●【选择曲线】 用于选择截面线串，选择第一组截面线串后，【添加新集】被激活，使用鼠标中键确认或单击【添加新集】图标，再进行下一组截面线串的选择。

●●【列表】 已确定的截面线串会在列表框中显示出来。列表框中的截面线串可以被删除，改变顺序。

● 【连续性】 控制新曲面在边界曲线上与边界面之间的几何连续条件。如果输入的起始曲线和结束曲线恰好是另外两张曲面的边界，用户就能够控制在曲面拼接处的 V 方向的连续条件，相切或曲率连续。G0 表示位置连续、G1 为相切连续、G2 为曲率连续。

● 【对齐】

●●【参数】 选取的曲线以相等参数区间等分。

●●【弧长】 选取的曲线将以相等的弧长定义线段。

●●【根据点】 在选取的曲线上定义点的位置，定义完成以后，片体将根据点的路径创建。

••【距离】 用于在矢量构造器中定义对齐曲线或者对齐轴向。

••【角度】 片体构造面沿其所设置的轴向向外等分，扩展到最后一条选取曲线。

••【脊线】定义完曲线后，系统会要求选取脊线，所选取的脊线平面必须与曲线的平面垂直。

••【样条点】选取样条定义点，产生的片体以所选的曲线的定义点作为通过点。

●【输出曲面选项】

••【补片类型】 从【单个】、【多个】或【匹配线串】选择曲面片类型，一般用【多个】。

••【V 向封闭】 用于设定创建的片体是否在 V 向闭合。

••【垂直于终止截面】 只有在选择多个片体时才可以选取。

••【构造】 选择【正常】选项，系统将按照正常的过程创建曲面，该选项具有最高精度，将生成较多的块；【使用样条点】选项为通过使用样条点的方式构建曲面；【简单】选项为通过简单方式构建曲面。

●【设置】

••【阶次】 用于设置 V 方向曲面的阶次。

••【公差】 设置产生的片体与所选的截面曲线之间的误差值。

2. 通过曲线组操作步骤

（1）选择【插入】→【网格曲面】→【通过曲线组】或单击图标 。

（2）选择每一条曲线，每选完一个曲线串，使用鼠标中键确认，直到所有曲线选择完毕。注意箭头方向应一致。

（3）选择曲面片类型，建议选用【多个】。

（4）选择对齐方法。

（5）V 方向是否封闭。

（6）对【多个】输入 V 方向次数，建议输入"3"。

（7）指定第一截面和最后截面是否与相邻面有约束关系。

3. 练习：通过曲线生成曲面

通过曲线生成曲面步骤如下：

（1）打开文件 thru_curves_1. prt，见图 5-7 所示，进入建模环境。

（2）选择菜单命令【插入】→【网格曲面】→【通过曲线组】或单击图标 。

（3）按图 5-8 选择剖面线串 1、串 2 和串 3。

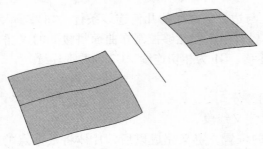

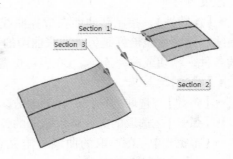

图 5-7　文件 thru_curves_1. prt　　　　　图 5-8　选择剖面线串

（4）将补片类型设置为【多个】，使用【参数】对齐。

（5）V 向阶次取为 2，关闭【保留形状】。

（6）关闭【垂直与终止截面】。

（7）采用默认的公差值。

（8）确定构造选项为【正常】。

（9）将【第一截面】与【最后截面】改变为 G1。

（10）选择【第一截面】下面的【面】按钮，选择视图右边的三个面。

（11）选择【最后截面】下面的【面】按钮，选择视图左边的两个面。

（12）将【流路方向】改变为未指定。

（13）单击对话框中的【确定】，生成曲面，如图 5-9 所示。

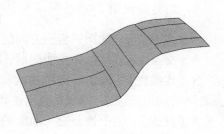

图 5-9　通过曲线组生成曲面

5.1.3　通过曲线网格

通过曲线网格输入两个方向的曲线生成曲面。一个方向的曲线称为主曲线，另一个方向的曲线称为交叉曲线。

选择【插入】→【网格曲面】→【通过曲线网格】或单击图标，系统弹出如图 5-10

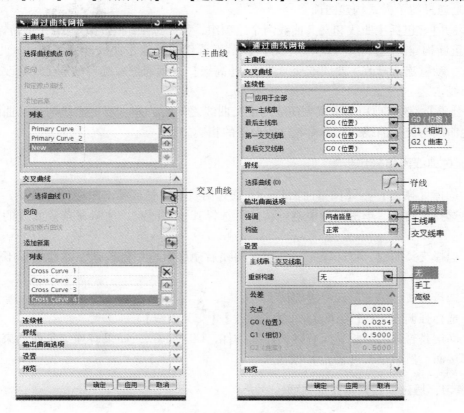

图 5-10　【通过曲线网格】对话框

所示的【通过曲线网格】参数对话框。选择第 1 条主曲线，使用鼠标中键确认；选择第 2 条主曲线，使用鼠标中键确认，直到所有主曲线选择完毕。注意所有主曲线的箭头要一致。然后选择第 1 条交叉曲线，使用鼠标中键确认；选择第 2 条交叉曲线，使用鼠标中键确认，直到所有交叉曲线选择完毕。如有需要再选择脊线，应设置各项有关参数，最后单击【确定】按钮，生成曲面。

1. 对话框说明

- 【主曲线】 选择一组同方向的截面线串定义为主曲线。
- 【交叉曲线】 选择主曲线后，选择一组大致垂直于主曲线的曲线串作为交叉曲线。
- 【连续性】 分别设置主曲线和交叉曲线的连续性，控制新曲面在边界曲线上与边界面之间的几何连续条件。G0 表示位置连续，G1 为相切连续，G2 为曲率连续。
- 【脊线】 用于控制交叉曲线的参数化，提高曲面的光顺性。为可选项。
- 【输出曲面选项】
- ·【强调】 设置系统在生成曲面时主要考虑选择主曲线还是交叉曲线，选择【两个皆是】项则所产生的片体会沿着主曲线和交叉曲线的中点创建；选择【主曲线】选项则所产生的片体会沿着主曲线创建；选择【横向】选项则所产生的片体会沿着交叉曲线创建。
- ·【构造】 有 3 个选项：选择【正常】选项，系统将按照正常的过程创建曲面，该选项具有最高精度，将生成较多的块；【样条点】选项是通过使用样条点的方式构建曲面；【简单】是通过简单方式构建曲面。
- 【设置】 包括主曲线和交叉曲线两个选项组，每个选项组中的都包括【重新构建】。
- ·【重新构建】包括 3 个选项：【无】表示不重建或修改主曲线或交叉曲线；【手动】表示通过手动重建或修改主曲线或交叉曲线；【高级】表示通过系统自动重建或修改主曲线或交叉曲线。
- ·【公差】 该选项用于设置主曲线与交叉曲线之间的公差。当主曲线与交叉曲线不相交时，主曲线与交叉曲线之间不得超过所设置的相交公差。

2. 通过曲线网格操作步骤

（1）选择【插入】→【网格曲面】→【通过曲线网格】或单击图标 。

（2）选择主曲线，单击鼠标中键确认，再选择其他主曲线，注意每条主曲线的箭头方向应一致。

（3）选择交叉曲线，每选择完一条交叉曲线后使用鼠标中键确认，然后选择下一条交叉曲线。

（4）选择脊线，单击鼠标中键确认。

（5）选择强调方法：【两个皆是】/【主曲线】/【交叉曲线】。

（6）确定是否需要与相邻面有拼接连续条件，G0/G1/G2，如果有连续条件约束，选择相应的邻接面，然后单击【确定】按钮。

3. 练习：通过曲线网格生成曲面

通过曲线网格生成曲面步骤如下：

（1）打开文件 curve_mesh_1.prt，见图 5-11 所示，进入建模环境。

（2）选择菜单命令【插入】→【网格曲面】→【通过曲线网格】或单击图标 。本例应选择一个点作为主线串，如果有多条主线串，将点作为最后主线串使片体编辑更加容易。

（3）将设计意图设为【单个曲线】，按图 5-12 所示选择第 1 条主线串。

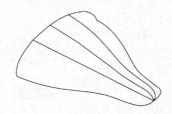

图 5-11　文件 curve_mesh_1.prt

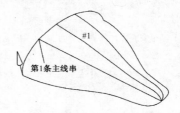

图 5-12　选择第 1 条线串

（4）单击鼠标中键，完成第 1 条主线串的选择。

（5）打开【捕捉点】工具条中的端点选项，按图 5-13 所示选择端点作为第 2 条主线串。

（6）单击鼠标中键，完成主线串的选择。

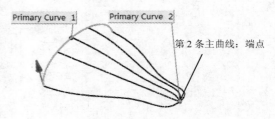

图 5-13　选择第 2 条线串

（7）确定【选择】类型为曲线或任何。

（8）将工具条【选择条】中的曲线规则设为【单个曲线】。

（9）按图 5-14 所示顺序选择交叉线串。

（10）将【强调】设置为【两个皆是】。

（11）用 0.0254 作为相交公差。

（12）确定【构造】选项为正常。

（13）选择对话框中的【确定】，生成曲面，如图 5-15 所示。

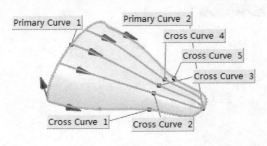

图 5-14　选择交叉线串

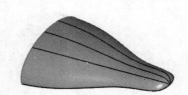

图 5-15　通过曲线网格生成曲面

5.1.4　扫掠

扫掠是指将截面曲线沿引导线运动扫描从而生成实体。它可控制比例和方位的变化，具有灵活性，可以根据用户选择的引导线数目的不同来要求用户给出不同的附加约束条件。

选择【插入】→【扫掠】→【扫掠】或单击图标 ，弹出如图 5-16 所示的【扫掠】（单引导线）对话框。可以使用 1 至 3 条引导线串，引导线串应光滑和连续。如果选

择两条引导线，则对话框变为如图 5-17 所示的【扫掠】对话框，可以最多选择 150 条
截面线串。

图 5-16 【扫掠】对话框（单引导线）

图 5-17 【扫掠】对话框（双引导线）

1. 对话框说明

●【截面】 截面线可以由单段或多段曲线组成。截面线可以是曲线，也可以是实体或片体的边。最多可以选择 150 条截面线。

●【引导线】 可以使用 1 至 3 条引导线串，引导线串应光滑和连续。

●【脊线】 可以进一步控制所创建片体截面线的方位，其定义脊线的选项是可选择的。在扫掠过程中，截面线所在的平面保持与脊线垂直。图 5-18 所示左边为未定义脊线，右边为定义脊线作出的扫掠面。

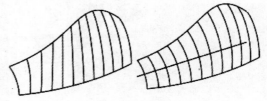

图 5-18　脊线作用

●【截面选项】

●●【截面位置】 截面线串的起始位置是在引导线末端还是在引导线上任何位置。

●【对齐方法】 该选项用于设置产生片体的对齐方式，包括参数、圆弧长和根据点 3 种方式，如图 5-16 所示。其中根据点方法要求引导线至少有一条为曲线，如果引导线全为直线，则该选项在对话框中不显示。

●●【参数】 设置空间中的点沿着定义曲线通过相等参数区间。

●●【圆弧长】 设置空间中的点沿着定义曲线通过相等弧长区间网格。

如果只有一条引导线，对话框为如图 5-16 所示。

●【定位方法】 指定截面线沿着引导线扫掠过程中截面线方向的变化规则。有以下几个选项：

●●【固定】 不需要重新定义方向，截面线将按照其所在的平面法向生成片体，并将沿引导线保持该方向。

●●【面的法向】 选定一个曲面，按照选取曲面的向量方向和沿着引导线的方向产生片体。

●●【矢量方向】 以矢量构造器定义平滑曲面的方位。片体会以所定义的向量为方位，并沿着引导线的长度创建，如果向量方向与引导线相切，则系统会报错。

●●【另一条曲线】 定义平面上的曲线或者实体边界作为平滑曲面方位控制线。

●●【一个点】 用点构造器定义一点，使得截面沿引导线的长度延伸到该点的方向。

●●【角度规律】 当截面线沿引导线运动时，用规律曲线控制方位。

●●【强制方向】 将以截面所指定的固定向量方向扫过引导线，其截面线将与引导线保持平行。

●【缩放方法】 用于设置截面线在通过引导线时截面线尺寸的放大与缩小比例。有以下几个选项：

●●【恒定】 选择该选项，可以在对话框中设置截面与产生片体的缩放比例因子，并以所选取的截面为基准线。

●●【倒圆函数】选择此项作为缩放方法，则对话框如图 5-19 所示。对话框可以定义产生片体的开始缩放比值与结束缩放比值。【倒圆函数】用于设置平滑曲面的插补方式，有按照线性变化插补和按照三次函数插补两种方式：【线性】用生成的片体或者实体的第一个截面与最后一个截面之间按照线性比例变化。【三次】生成的片体或者实体的第一个截面与最后一个截面之间按照三次函数比例变化。开始值可以定义所产生片体的第一剖面大小；结束值可以定义所产生片体的最后剖面大小。

··【另一曲线】 设定产生的片体按照指定的另一曲线为母线沿引导线创建。

··【一个点】 用于按照截面、引导线或点定义产生片体的缩放比例。

··【面积规律】 用于使用法向曲线定义片体的比例变化方式。其对话框如图 5-20 所示。

图 5-19　选择【倒圆函数】对话框　　　　图 5-20　选择【面积规律】对话框

··【周长规律】 该选项与面积规律选项相同，不同之处是周长规律中，曲线 Y 轴定义的终点值为所创建片体的周长，而面积规律则定义为面积大小。

如果有 2 条引导线，对话框为如图 5-17 所示，无【定位方法】选项，【缩放方法】只有【均匀】／【横向】两个选项。

●【缩放方法】

··【均匀】 截面线沿引导线扫掠时，其各个方向均按比例缩放。

··【横向】 截面线沿引导线扫掠时，其位于两条引导线之间的部分被缩放，而垂直于引导线之间的部分不被缩放。

●【设置】 包括引导线【重新构建】和【公差】的设置。

··【重新构建】通过重新定义引导线来构建光滑曲面，包括 3 个选项：【无】、【手动】和【高级】。

··【公差】 定义所产生的片体与所选取的曲线之间的最大误差值，当截面线包含有尖角时，要把位置公差设置为 0，否则将给后续操作如圆角等带来困难。

2. 扫掠操作步骤

以一条引导线为例。

（1）选择【插入】→【扫掠】→【已扫掠】或单击图标，弹出【扫掠】对话框。

（2）在屏幕上选择截面线串 1，使用鼠标中键确认或单击【添加新集】图标，再进行下一组截面线串的选择。如果仅有一条截面线目，单击鼠标中键再选择引导线。如果有多条截面线串，选择截面线串 2，注意箭头方向。如果方向反了，单击【反向】按钮，重复截面线串选择步骤，直到全部截面线串选择完毕，单击鼠标中键再选择引导线。

（3）在屏幕上选择引导线串 1，使用鼠标中键确认或单击【添加新集】图标，再进行下一组引导线串的选择。重复引导线串选择步骤，直到全部引导线串选择完毕，单击鼠标中键。

（4）选择对齐方法：【参数】／【圆弧长】。

（5）选择定位方法，按照选定的方位方法确定方位。

（6）选择缩放方法，按照选定的比例变化确定比例。

（7）输入造型公差，单击【确定】按钮。

两条引导线的操作步骤与一条引导线的类似，区别是：

（1）引导线串要选择两条，注意每选择一条引导线串，都要单击【确定】按钮。

（2）没有定位方法的选择，直接进入缩放方法选择。

（3）比例变化只有：【横向】／【均匀】比例。

（4）可以使用脊线。

三条引导线的操作步骤与两条引导线的类似，区别是：

（1）引导线串要选择 3 条，注意每选择一条引导线串，都要单击鼠标中键确认或单击【添加新集】图标。

（2）没有缩放方法选择。

3. 练习：通过扫掠生成曲面

（1）打开文件 swept_1. prt，如图 5-21 所示，进入建模环境。

（2）确认 81 层为工作层。

（3）选择菜单命令【插入】→【扫掠】→【已扫掠】或单击图标。

（4）按图 5-22 所示选择截面线串。

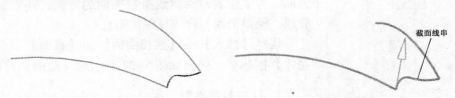

图 5-21　文件 swept_1. prt　　　　图 5-22　选择截面线串

（5）单击鼠标中键，完成截面线串的选择。再单击鼠标中键，进入引导线串的选择。

（6）按图 5-23 所示选择第 1 条引导线串。

（7）单击鼠标中键，完成第 1 条引导线串的选择。

（8）按图 5-24 所示选择第 2 条引导线串。

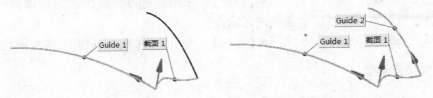

图 5-23　选择第 1 条引导线串　　　图 5-24　选择第 2 条引导线串

（9）单击鼠标中键，完成第 2 条引导线串的选择。

（10）单击鼠标中键，完成引导线串的选择。

（11）将缩放方法设置为【均匀】，认可默认设置。

（12）直接选择对话框中的【确定】，表示不选择脊线。结果见图 5-25 所示。

（13）隐藏刚刚作出的扫描面。

（14）再按上面的方法选择截面线串和引导线串。

（15）将缩放方法设置为【横向】。

（16）选择对话框中的【确定】，生成曲面，如图 5-26 所示。

图 5-25　扫描面 1　　　　　　　　　图 5-26　扫描面 2

5.2　其他构造曲面

5.2.1　截型体

截型体是利用输入的控制曲线生成实体或曲面，把一个曲面想象成过若干条截面线，每一条截面线在一个平面上，截面线的起点、终点分别位于指定的控制曲线上，它的斜率可以从控制曲线上获得。改变控制曲线的形状，曲面的形状随之改变，控制曲线对应于 U 方向，截面曲线对应于 V 方向。为了控制截面曲线所在平面的方向，还定义了一条脊线，使得平面与脊线总保持垂直。

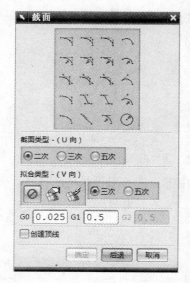

图 5-27　【截面】对话框

选择【插入】→【网格曲面】→【截面】或单击【截型体】图标 ◢，弹出如图 5-27 所示的【截面】对话框。

1. U 向截面类型

截面类型是指截面曲线在 U 方问的类型，它所在的平面与脊线垂直，有 3 种类型。

● 【二次】　表示一个精确的二次形状，而且曲线不改变曲率方向。

● 【三次】　采用逼近方法使生成的截面曲线逼近二次曲线的形状。

● 【五次】　表示曲面的形状是由五次多项式控制的。

2. V 向拟合类型

这个选项控制 V 方向的次数和形状，即与脊线平行方向的曲线形状。

● 【三次】　在 V 方向上曲线为三次变化。

● 【五次】　在 V 方向上曲线为五次变化。

3. 截面形式

由于生成截面型曲面的方法大同小异，下面只介绍其中几种生成方法。

• ⬒【端点－顶点－肩点】 表示特征曲面通过开始曲线、肩点曲线、结束曲线生成，而顶点曲线则控制首末曲线端点处的相切矢量方向，如图 5-28 所示。

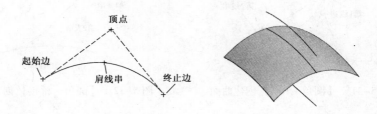

图 5-28 【端点－顶点－肩点】创建曲面

• ⬓【三点作圆弧】 表示特征曲面通过开始曲线、内部曲线、结束曲线生成，如图 5-29 所示。

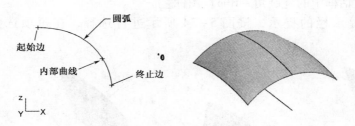

图 5-29 【三点作圆弧】创建曲面

• ⬔【端点－顶点－Rho】 表示特征曲面通过开始曲线和结束曲线生成，首末曲线端点处的切矢方向通过顶点曲线控制，曲线的饱满程度由 Rho 控制，如图 5-30 所示。

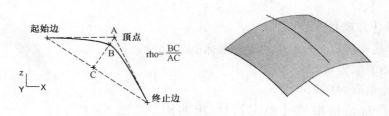

图 5-30 【端点－顶点－rho】创建曲面

• ⬚【圆角－Rho】 表示在两个曲面间形成一光滑倒圆面，截面的丰满度由 Rho 值控制，如图 5-31 所示。

• ⬛【圆角－桥接】 表示在两个曲面上的两条曲线之间生成一个光滑桥接面，如图 5-32 所示。

4. 练习：通过截型体生成曲面

（1）打开文件 fillet_rho. prt，见图 5-33 所示，进入建模环境。

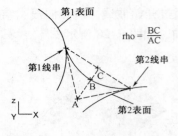

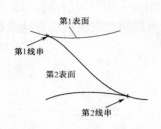

$$rho = \frac{BC}{AC}$$

图 5-31　【圆角 - Rho】创建曲面　　　　图 5-32　【圆角 - 桥接】创建曲面

（2）选择菜单命令【插入】→【网格曲面】→【截面】或单击【截型体】图标 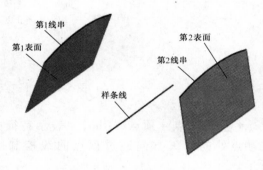。

（3）截面类型取为二次。

（4）拟合类型取为三次。

（5）其他用默认设置。

（6）选择对话框中的【圆角 - Rho】图标。

（7）根据提示栏的提示，按图 5-34 所示进行选择，在每项选择后，单击鼠标中键。

图 5-33　文件 fillet_rho. prt

图 5-34　选择面、线和样条

（8）选择【常规】。

（9）选择规律函数工具条中的线性图标。

（10）起始值取为 0.12。

（11）终止值取为 0.2。

（12）选择对话框中的【确定】，作出曲面，见图 5-35 所示。

（13）选择【取消】。

图 5-35　【圆角 - Rho】方法创建的曲面

5.2.2　桥接曲面

　　桥接曲面是在两个主曲面之间构造一个新曲面，在边界上满足指定的连续条件，从一个曲面桥接到另一个曲面的过程中，可由侧面边界或侧边控制其形状。

　　选择菜单命令中的【插入】→【细节特征】→【桥接】或单击曲面工具条上的图标，系统弹出如图 5-36 所示对话框，通过该对话框可以桥接曲面。

图 5-36　【桥接】对话框

1. 对话框说明

●【选择步骤】　该选项包含 4 个按钮，可以选择两个需要连接的片体，并使用引导侧面及引导线串，确定连接后产生的片体外形。

●●　【主面】用于选择两个需要连接的表面。

●●　【侧面】用于选择一个或两个侧面作为产生片体时的引导侧面，依据引导侧面的限制来产生片体的外形。

●●　【第一侧面线串】用来选择曲线或边缘，作为产生片体时的引导线，以决定连接片体的外形。

●●　【第二侧面线串】用来选择另一个曲线边缘，与上一个按钮相配合，作为产生片体时的引导线，以决定连接片体的外形。

●【连续类型】

●●【相切】　沿原来表面的切线方向和另一表面连接。

●●【曲率】　利用沿原来表面圆弧曲率半径与另一表面连接，同时也保证相切的特性。

●●【拖动】　在产生连接片体后可使用此命令改变连接片体的外形。单击该按钮后，需按住鼠标左键不放进行拖动，如果想恢复原外形，只需单击【重置】按钮即可。

2. 桥接曲面操作步骤

（1）单击曲面工具条上的图标，在如图 5-36 所示对活框中选择连续条件：【相切】/【曲率】。

（2）选择要桥接的两个主曲面（注意两个主曲面上的箭头方向应一致）。

（3）如果需要邻接的侧曲面，选择侧曲面或侧边。

（4）如果未选择侧曲面或侧边，可以单击【拖动】改变桥接曲面的形状。

3. 练习：作桥接面

（1）打开文件 bridge_drag. prt，见图 5-37 所示，进入建模环境。

（2）选择菜单命令【插入】→【细节特征】→【桥接】或单击【桥接】图标，弹出图 5-36 所示【桥接】对话框。

（3）按图 5-38 所示箭头位置选择主面。

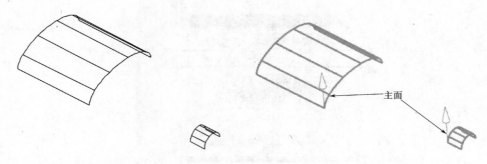

图 5-37　文件 bridge_drag. prt　　　　　图 5-38　桥接曲面示例

（4）将连续类型设置为【相切】。

（5）选择【桥接】对话框的中【应用】后，桥接面显示出来，【桥接】对话框中的【拖动】按钮自动激活。选择【拖动】按钮。弹出图 5-39 所示【拖动桥接曲面】对话框。

（6）用鼠标左键单击桥接曲面的两个桥接边之一，例如，单击左边的桥接边附近，出现若干箭头，如图 5-40 所示，按住鼠标左键沿箭头拖动，可以改变桥接曲面的形状。【重置】按钮可以使桥接曲面恢复到拖动调节前的形状。

图 5-39　【拖动桥接曲面】对话框　　图 5-40　用拖动方式调节桥接曲面

（7）如果对桥接曲面形状满意，单击对话框中的【确定】，完成桥接曲面创建。

5.2.3　N 边曲面

利用曲线（不受条数限制）或边构成一个简单的封闭环，该环构成一张新曲面，指定一个约束曲面（边界曲面），将新曲面补在边界曲面上，形成一个光滑的曲面。

选择菜单命令【插入】→【网格曲面】→【N 边曲面】或单击曲面工具条上的【N 边曲面】图标 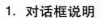，系统弹出如图 5-41 所示的【N 边曲面】对话框。

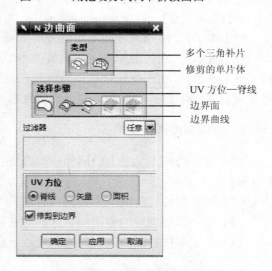

图 5-41　【N 边曲面】对话框

1. 对话框说明

- 【类型】　N 边曲面能够生成的种类有以下两种类型。
- • 　【修剪的单片体】　由封闭曲线构成的环生成一张单面，覆盖在相应的区域上。
- • 　【多个三角补片】　由多个三角片构成新表面，以中心点连接这些三角片。
- 【选择步骤】

•• 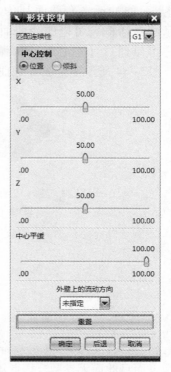【边界曲线】 选择新曲面的边界曲线，可以是曲线或体的边。

•• 【边界面】 选择一个边界面，边界面与边界曲线围成的面可以通过几何连续条件约束。

•• 【UV 方向—脊线】 选择一条曲线用以定义 V 的方向。

•• 【UV 方向—矢量】 选择一个矢量用以定义 V 的方向。

•• 【UV 方向—面积】 选择一个范围用以定义 V 的方向。

在选择了边界线和边界面后，如果用户单击【应用】或【确定】按钮，系统自动生成一个临时曲面，然后弹出如图 5-42 所示的【形状控制】对话框，用户可以调整相应的参数以调整新曲面的形状。

形状控制对话框中各选项说明如下：

●【匹配连续性】 控制新曲面在边界曲线上与边界面之间的几何连续条件，G0 表示位置连续，G1 表示切向矢量连续，G2 表示曲率连续。

●【中心控制】 当选择【位置】模式时，用户可以

图 5-42 【形状控制】对话框

用鼠标拖动 X、Y、Z 分量改变新曲面中心点处的位置；如果选择【倾斜】模式，用户可以用鼠标拖动 X、Y 分量改变新曲面中心点处的 X－Y 平面法向矢量，但中心点处的位置不变。

●【中心平缓】 平坦性调整，控制曲面中心的平坦性。

●【外壁上的流动方向】 控制 V 的等参数线方向。

2. N 边曲面操作步骤

（1）选择菜单命令中的【插入】→【网格曲面】→【N 边曲面】或单击图标 。

（2）选择类型：【裁剪的单片体】/【多个三角补片】。

（3）选择封闭的边界曲线或边，单击【确定】按钮。

（4）边界曲面图标 被激活，如果需要选择边界曲面作为约束面，单击【确定】按钮。

（5）如果第（2）步选择类型为裁剪的单片体，选择 UV 方向：【脊线】/【矢量】/【面积】，选择是否【裁剪到边界】，单击【应用】按钮。如果操作中选择了边界曲面，则立即生成一个裁剪曲面；如果操作中没有选择边界曲面，生成临时曲面，并弹出如图 5-42 所示的对话框，通过【中心平缓】调整曲面中心的平坦性。单击【应用】或【确定】按钮。

（6）如果第（2）步选择类型为多个三角补片，对话框如图 5-43 所示。如果需处理曲线环的切向矢量连续，使

图 5-43 【N 边曲面】对话框

【如果可能的话，合并面】为√。单击【应用】按钮，生成临时曲面，弹出如图5-42所示的对话框，可以改变曲面的几何连续条件，在【匹配连续性】中选择G0/G1/G2。用户可以通过【中心平面】调整曲面中心的平坦性。单击【应用】或【确定】按钮。

图5-44所示是生成N边曲面的例子。

图5-44　N边曲面示例

3. 练习：作N边曲面

（1）打开文件n-sided_1.prt，见图5-45所示，进入建模环境。此面在光顺方面有一定问题，而且此面无参数，因此不能用参数方式改善形状。

（2）让41层成为可选层，图中出现一条封闭曲线，见图5-46所示。

图5-45　文件n-sided_1.prt　　　图5-46　图中出现一条封闭曲线

（3）选择菜单命令【插入】→【裁剪】→【修剪的片体】或单击图标，将曲面作为目标片体，封闭曲线作为修剪边界，对曲面进行裁剪，结果见图5-50所示。

（4）选择菜单命令【插入】→【网格曲面】→【N边曲面】或单击图标，弹出图5-43所示的【N边曲面】对话框。

（5）关闭41层。

（6）将类型设为【修剪的单片体】。【选择步骤】内的【边界曲线】按钮被激活，选择图中孔的边缘。

（7）接着【边界面】按钮被激活，选择图5-46中所示曲面。

（8）连续单击【确定】两次，作出N边表面。

（9）选择菜单命令【插入】→【组合体】→【缝合】或单击图标，缝合两个片体，最终结果见图5-48所示。

图 5-47　图中出现一条封闭曲线　　　图 5-48　最终结果

5.2.4　过渡

过渡特征可以在两个或两个以上截面之间创建一个特征，在每个截面处能够施加相切或曲率相等连续条件。

选择菜单命令【插入】→【曲面】→【过渡】或单击曲面工具条上的图标，系统弹出如图 5-49 所示的【过渡】对话框。

1．对话框说明

●　【截面线】　用于为截面选择单元，截面单元可以为样条线、直线、圆弧、二次曲线、面边缘或草图等。

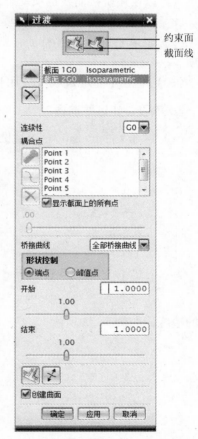

图 5-49　【过渡】对话框

●【连续性】　用于指定截面处的连续条件，可以施加相切（G1）或曲率相等（G2）。曲面必须使用 G2连续。

●【显示截面上的所有点】　用于将在剖面上的全部耦合点显示在耦合点窗口内。

如果选择一个耦合点，则位置调节滑块激活并显示出耦合点在截面上的位置。还激活了编辑耦合点、插入耦合点和删除耦合点选项。

●　【编辑耦合点】　如果可以将所选耦合点移动到另外一个截面，则该选项被激活。

●　【插入耦合点】　用于在截面上增加新的耦合点和桥接线。

●　【删除耦合点】　用于从截面上删除新的耦合点和相关的桥接线。

●【桥接曲线】　一旦选择了一个有可以编辑桥接曲线的截面，则桥接曲线列表更新。列表包括所有可以编辑的单个曲线和桥接曲线组。

一旦从列表中选择了一种桥接曲线，在视图中的相应曲线高亮。可以用类似创建桥接曲线的方法，对桥接曲线进行形状调节。

●　【曲面预览】　对将要创建的曲面进行着色预览。

●【创建曲面】 打开此项，则创建过渡特征，如果关闭此项，则只创建桥接曲线。

2. 过渡操作步骤

（1）选择曲面工具条上的图标 ，弹出如图 5-49 所示对话框。

（2）为第一个截面选择截面单元。

（3）将连续条件设置为无约束（G0）、相切（G1）或曲率（G2），单击【确定】。截面加入到截面窗的列表中。

（4）根据需要使用反向按钮改变截面方向。

（5）重复上面操作，直到完成每个截面的选择。

（6）在增加截面时，在视图区显示一个线框预览。

（7）完成截面选择后，可以使用耦合点选项动态编辑、插入和删除任何桥接曲线的耦合点。可以使用桥接曲线选项动态编辑桥接曲线的形状。

（8）使用【曲面预览】对将要创建的曲面进行着色预览。

（9）如果要创建过渡特征，则打开【创建曲面】选项；如果只创建桥接曲线，关闭此项。

（10）单击【确定】或【应用】，创建过渡特征或桥接曲线。

3. 练习：作过渡曲面

（1）打开文件 transition.prt，见图 5-50 所示，进入建模环境。

（2）选择菜单命令【插入】→【曲面】→【过渡】或单击曲面工具条上的图标 。

（3）激活【截面线】选项，用矩形方框选择下面一组曲面右端的边缘，如图 5-51 所示。

（4）单击鼠标中键，完成第一组截面的选择。

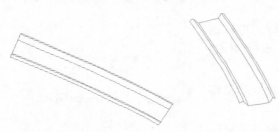

图 5-50　文件 transition_1.prt

（5）用矩形方框选择另外一组曲面右端的边缘，如图 5-52 所示。

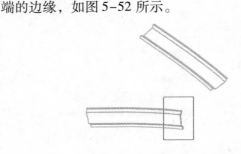

图 5-51　选择第一组截面

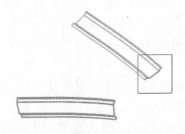

图 5-52　选择第二组截面

（6）单击鼠标中键，完成第二组截面的选择。

（7）从桥接曲线列表中选择所有桥接曲线。

（8）选择【峰值点】。

（9）将深度滑尺移动到大约 75 的位置。

（10）打开【创建曲面】选项，单击【确定】，结果见图 5-53 所示。

（11）使 3 层成为可选，出现新截面，如图 5-54 所示。

 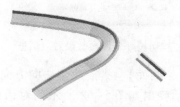

图 5-53　创建出过渡曲面　　　　　　图 5-54　增加第 3 层截面

（12）在部件导航器中选择过渡特征，单击鼠标右键→编辑参数。

（13）选择 3 层曲面上端的所有边缘，如图 5-55 所示。

（14）单击【确定】，直到模型更新。结果见图 5-56 所示。

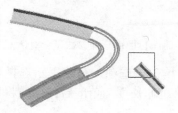 

图 5-55　选择第三组截面　　　　　　图 5-56　最终截面过渡特征

5.2.5　曲面延伸

曲面延伸是将曲面向某个方向延伸。延伸的曲面是独立的曲面，如果与原有曲面一起使用，必须进行缝合。选择【插入】→【曲面】→【延伸】或单击曲面工具条上的图标，创建延伸曲面，这时系统弹出如图 5-57 所示对话框。

1. 对话框说明

●【相切的】　将已有的片体沿切线方向延伸到一个面、边缘或拐角，其中包括固定长度和百分比两个选项，如图 5-58 所示。图 5-59 和图 5-60 所示为两种相切延伸参数设置对话框。图 5-61 所示为相切延伸示例。

图 5-57　【延伸】对话框　　　　　　图 5-58　【相切延伸】对话框

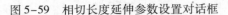

图 5-59 相切长度延伸参数设置对话框

图 5-60 相切百分比延伸参数设置对话框

●【垂直于曲面】 指沿片体法向方向延伸。单击该选项，系统提示选择要延伸的片体和边缘，然后弹出如图 5-62 所示的对话框，输入长度后，系统将按照指定的长度来延伸片体。

图 5-61 相切延伸示例

图 5-62 【垂直于曲面】曲面延伸参数设置对话框及示例

●【有角度的】 指将片体以一定的角度延伸。单击该选项，系统提示选择要延伸的片体和边缘，然后弹出如图 5-63 所示的对话框，输入延伸长度和角度后，系统将按照指定的长度和角度来延伸片体。

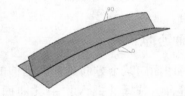

图 5-63 【有角度的】曲面延伸参数设置对话框及示例

●【圆形】 指延伸的片体各处具有相同的曲率，并按照原来片体圆弧的曲率延伸，延伸方向也与原片体在边界的方向相同。单击该选项，系统将弹出类似图 5-58 所示对话框，提示用户输入长度值或百分比来延伸片体。

2. 曲面延伸操作步骤

（1）选择曲面工具条上的【延伸】图标，弹出如图 5-57 所示对话框。

（2）选择延伸类型：【相切的】/【垂直于曲面】/【有角度的】/【圆形】。

（3）选择长度方法：【固定长度】/【百分比】（有些类型无此步）。

（4）在屏幕上选择基面，即要延伸的曲面。

（5）选择基面上的曲线，即在曲面的哪个位置进行延伸，光标应在曲面内侧选择。

（6）输入延伸长度或角度，单击【确定】按钮。

3. 练习文件：extensions. prt。

5.2.6 规律延伸

规律延伸是利用规律曲线控制延伸曲面的长度和角度的操作。选择【插入】→【弯边曲面】→【规律延伸】或单击曲面工具条上的图标，这时系统弹出如图 5-64 所示对话框，通过该对话框可以创建规律约束曲面。

1．对话框说明

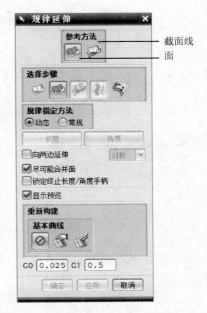

图 5-64 【规律延伸】对话框

● 【面】（基面） 表示曲面规律延伸方向的参考方式是面。

● 【矢量】 表示曲面规律延伸方向的参考方式是矢量，在图形区选择一个矢量，新的曲面就会沿着这个矢量延伸。

●【动态】 表示曲面的规律延伸是通过拖动手柄来控制的。

●【常规】 表示曲面的规律延伸是通过长度和角度来控制的。

●●【长度】 选择该选项后，弹出如图 5-65 所示的对话框，选择一种控制延伸长度的方法，在后面的对话框中输入大约的数值。

●●【角度】 选择该选项后，弹出如图 5-65 所示的对话框，选择一种控制延伸角度的方法，在接下来弹出的对话框中输入数值。

●【向两边延伸】 选中该复选框后，系统将在基准曲线的两边同时延伸曲面。

●【尽可能合并面】 选中该复选框，一旦允许，系统只生成一个单一的曲面。

●【锁定终止长度/角度手柄】 选中该复选框后，系统将锁定终止长度和角度手柄。

2．规律延伸操作步骤

（1）选择曲面工具条上的图标，弹出如图 5-64 所示对话框。

（2）曲线图标被激活，在图形区选择曲线串，延伸的曲面从该曲线开始。

（3）选择参考方式：【面】/【矢量】。

（4）如果参考方式是面，选择基面图标，选择基面；如果参考方式是矢量，选择矢量图标，选择一个矢量，新曲面就沿着这个矢量延伸。如果需要，选择脊线图标，在图形区选择一条曲线作为脊线，控制延伸曲面的方位。

（5）选择所需的长度规律类型，输入规律值。

（6）选择所需的角度规律类型，输入规律值。

（7）如果需要在基本曲线的两侧延伸，选择【向两边延伸】为√。

（8）如果不希望延伸的曲面为单一曲面，选择【如果可能的话，合并面】为√。

（9）单击【确定】按钮。

图 5-66 所示为规律延伸用手柄调整角度和长度的例子。

3. 练习文件：extension3. prt。

图 5-65 【规律函数】（长度/角度）的对话框　　　图 5-66　规律延伸曲面的例子

5.2.7　偏置曲面

偏置曲面是指沿着曲面各点的法向矢量方向给定一个偏置值以生成新的曲面。

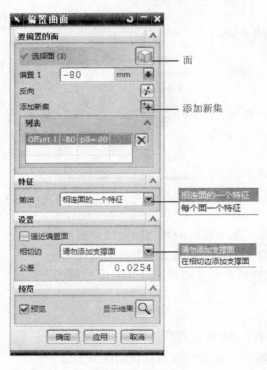

图 5-67　【偏置曲面】对话框

选择【插入】→【偏置/缩放】→【偏置曲面】或单击曲面工具条上的图标，系统弹出如图 5-67 所示对话框，通过该对话框可以偏置曲面。

1. 对话框说明

- ▣【面】　用于选择将要偏置的面。
- ▣【添加新集】　用于为一个新的要偏置的面集选择面。
- 【特征】
- ••【相连面的一个特征】　用于为多重相连的面创建一个偏置曲面特征。
- ••【每个面一个特征】　用于为每个选择的面创建一个单独的偏置曲面特征。
- 【设置】
- ••【逼近偏置面】　用于近似偏置曲面几何，而不是严格地按理论上的定义偏置曲面。该选项使偏置更容易成功完成。
- 【相切边】　用于为多重相连的面在相切边处创建一个阶梯状偏置曲面特征。示例见图 5-72 所示，其中中间面的偏置值应为零。
- ••【在相切面添加支撑面】　开启阶梯状偏置曲面功能。
- ••【请勿添加支撑面】　关闭阶梯状偏置曲面功能。

2. 偏置单张曲面

偏置单张曲面的操作步骤如下：

（1）选择曲面工具条上的图标，弹出如图 5-67 所示的【偏置曲面】对话框。

（2）选择要偏置的曲面。

（3）在图 5-67 所示对话框中输入偏置值，确定方向是否正确，单击【确定】按钮。

3. 偏置多张曲面

偏置多个曲面有两种办法：将多个曲面缝合成一个曲面，然后对缝合后的这个曲面进行偏置；多个曲面不能缝合时，分别选择要偏置的曲面，并控制每个曲面的偏置方向进行偏置。步骤如下：

（1）选择曲面工具条上的图标，弹出如图 5-67 所示偏置曲面对话框。

（2）选择第 1 张要偏置的曲面，在图 5-67 对话框中输入偏置值，确定偏置方向。

（3）单击 按钮，第 1 张曲面设置结束。选择第 2 张要偏置的曲面，在图 5-67 对话框中输入偏置值，确定偏置方向。不同的面可以有不同的偏置值及偏置方向。

（4）单击【确定】按钮，生成多张曲面。

图 5-68 所示是偏置曲面的例子。图 5-69 所示是阶梯偏置曲面的例子。

图 5-68　偏置曲面示例

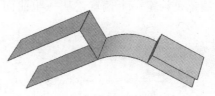
图 5-69　曲面阶梯偏置示例

4. 练习文件：offset_surface_step. prt.

5.2.8　变量偏置

变量偏置是给单个面创建一个变量偏置，必须定义四个点，并为每个点定义一个偏置距离。

选择【插入】→【偏置/缩放】→【变量偏置】或单击曲面工具条上的图标，这时系统弹出如图 5-70 所示【变偏置曲面】对话框，提示用户选择一个面。

选择一个面后，系统将生成一个法线方向，并弹出点构造器对话框，选择面的一个端点，出现如图 5-71 所示偏置距离对话框，如果距离值为正，则沿法线方向偏置；反之，沿法线方向相反方向偏置。重复上述操作，一直到选择完面的四个端点，并给定距离值。

图 5-70　【变偏置曲面】对话框

图 5-71　偏置距离对话框

变量偏置操作步骤如下：

（1）选择曲面工具条上的图标，弹出如图 5-70 所示对话框。

（2）选择单个面。

（3）出现点构造器对话框，选择单个面其中一个端点，弹出如图 5-71 所示对话框。

（4）输入距离值，单击【确定】按钮，重新出现点构造器对话框。

（5）再选择单个面其中另外一个端点，重新弹出如图 5-71 所示对话框。

（6）输入距离值，单击【确定】按钮。

（7）重复选择单个面另外两个端点，并输入距离值。

（8）单击【确定】按钮，创建出变偏置曲面。

图 5-72 所示是变偏置曲面的例子。

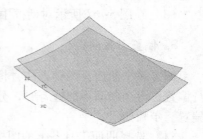

图 5-72　变偏置曲面示例

练习文件：variable_offset_surface. prt。

5.2.9　大致偏置

大致偏置是给定一个偏置，从一组曲面或表面中产生一个没有自交、尖边、角点的偏置片体。

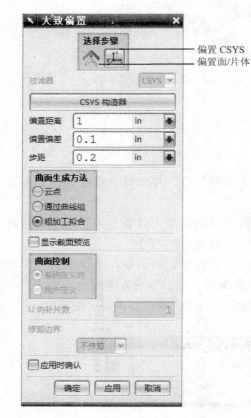

图 5-73　【大致偏置】对话框

选择【插入】→【偏置/缩放】→【大致偏置】或单击曲面工具条上的图标，这时系统弹出如图 5-73 所示【大致偏置】对话框，通过该对话框可以大致偏置曲面。

1. 对话框说明

● 【选择步骤】

●● 【偏置面/片体】　用于选择要偏置的面或片体。

●● 【偏置 CSYS】　用于设置坐标系。

● 【CSYS 构造器】　用于设置用户坐标系，根据坐标系的不同可以生成不同的偏置方式。

● 【偏置距离】　用于设置偏置的距离值，输入值为正表示在 ZC 正方向上偏置，输入值为负表示在 ZC 反方向上偏置。

● 【偏置偏差】　用于设置偏置距离值的变动范围。如当偏置距离值设为 "10"，而偏置偏差设为 "1" 时，偏置距离的范围是 9 ~ 11。

● 【步距】　用来设置生成偏置曲面时进行运算的步长，其值越大表示越精细，越小则越粗略。

● 【曲面生成方法】　选择曲面的生成方法。

● 【曲面控制】　共有两种曲面控制方式，只有当曲面生成方法选择了【云点】方式之后，这个选项才可选。

2. 大致偏置操作步骤

（1）选择此面工具条上的图标，弹出如图 5-73 所示【大致偏置】对话框。

（2）选择多个要偏置的曲面，这些曲面相互不能重叠。如果曲面之间有缝隙，必须小于预设置中给定的距离误差。

（3）选择偏置坐标系图标，单击 CSYS 坐标构造器，指定一个坐标系，单击【确定】按钮。坐标系的作用是：偏置总是沿着 Z 方向，X 方向代表了截面方向，Y 方向为步距方向。如果不指定坐标系，则使用默认的当前坐标系。

（4）输入偏置参数：偏置距离、偏置偏差、步距。

（5）指定曲面生成方法：云点、通过曲线、粗加工拟合。

（6）指定曲面控制方式：

- 【系统定义的】系统自动加入 U 方向的曲面片数。
- 【用户定义】用户输入一个 U 方向的曲面片数。

（7）指定边界裁剪类型：

- 【不裁剪】生成一个大概的矩形曲面。
- 【裁剪】生成的片体被裁剪。
- 【边界曲线】不裁剪生成的片体。

（8）单击【确定】或【应用】按钮。

图 5-74 所示为【大致偏置】示例。

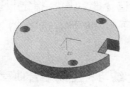

图 5-74 【大致偏置】示例

5.2.10 熔合

熔合功能是将若干曲面片体合并成一张曲面。在数控加工中单张曲面片体比若干张曲面片体更容易处理。

选择【插入】→【联合体】→【熔合】或单击曲面工具条上的图标，系统弹出如图 5-75 所示的【熔合】对话框。

1. 对话框说明

- 【驱动类型】
- • 【曲线网格】表示系统将会把曲线网格自动生成 B 样条驱动面。
- • 【B 曲面】表示以一个已存在的 B 样条曲面作为驱动面。
- • 【自整修】当需要一个低次曲面逼近一个高次曲面作为驱动面的时候，应选择此选项。
- 【投影类型】
- • 【沿固定矢量】表示沿指定的矢量方向投影。
- • 【沿驱动法向】表示沿驱动面的法向方向投影。

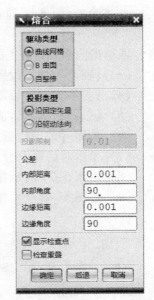

图 5-75 【熔合】对话框

- 【公差】
- ·【内部距离】 设置曲面内部的投影点距离公差。
- ·【内部角度】 设置曲面内部的投影面角度公差。
- ·【边缘距离】 设置曲面边缘的投影点距离公差。
- ·【边缘角度】 设置曲面边缘的投影面角度公差。
- 【显示检查点】 选择该复选框，在产生合并面的过程中，将显示投影点，这些投影点表示合并面的范围。
- 【检查重叠】 检查合并面与目标表面是否重叠。

2. 熔合操作步骤

（1）单击曲面工具条上的图标。

（2）选择驱动类型、投影类型，并选择适当的公差。

（3）若要显示合并过程中的投影点，选择【显示检查点】为√，若要检查曲面的重叠情况，则选择【检查重叠的】为√，单击【确定】按钮。

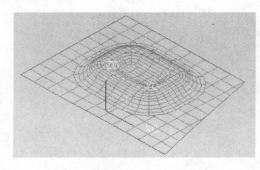

图 5-76　文件 quilt_mesh. prt

（4）如果驱动类型为【曲线网格】，在屏幕上选择曲线网格中的主曲线和交叉曲线；否则直接选择驱动面，指定投影矢量。

（5）借助于类选择器选择目标面，单击【确定】按钮。

3. 练习：生成熔合曲面

（1）打开文件 quilt_mesh. prt，见图 5-76 所示，进入建模环境。

（2）选择【插入】→【组合体】→【熔合】或单击曲面工具条上的图标。

（3）【驱动类型】设置为【曲线网格】。

（4）【投影类型】设置为【沿固定矢量】。

（5）【公差】为默认值。

（6）关闭【显示检查点】和【检查重叠的】选项，以便加快运行速度。

（7）单击对话框中的【确定】。

（8）按图 5-77 所示在相似的末端选择两条主曲线，单击对话框中的【确定】。

（9）按图 5-78 所示在相似的末端选择两条曲线，单击对话框中的【确定】。

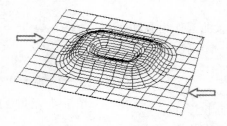 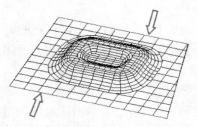

图 5-77　选择两条主曲线　　　　图 5-78　选择两条交叉曲线

（10）选择【ZC 轴】图标。

（11）选择部件中的所有面。

（12）单击对话框中的【确定】。

（13）单击【取消】对话框。

（14）关闭 1 层和 2 层。

（15）结果见图 5-79 所示。熔合曲面为 C1 连续，比原先曲面更光顺。

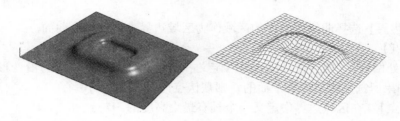

图 5-79　生成的熔合曲面

5.2.11　按函数整体变形

按照预先指定的形式对曲面进行变形操作。当进行数控编程时，使用这个功能修改曲面，用来表示金属成型时的回弹效果。

选择【编辑】→【曲面】→【按函数整体变形】或单击曲面工具条上的图标，系统弹出如图 5-80 所示的【按函数整体变形】对话框。

1. 对话框说明

● 【类型】在该列表中提供了多种根据函数。

●● 【终点】以定义点作为全局整形的最大高度对面或片体进行变形，区域边界必须封闭。

●● 【到曲线】以所选择的开放或封闭的高度曲线对面或片体整形，区域边界必须封闭。

●● 【开放区域】以所选择的开放的高度曲线对面或片体整形，两区域边界必须开放。

●● 【壁变形】沿给定方向变形壁，并与相邻倒圆保持相切。

●● 【过度弯曲】以指定的弯曲直线和旋转角对物体旋转变形。

●● 【匹配到片体】通过变形片体的边缘以便匹配到一个目标片体上的一条目标曲线，

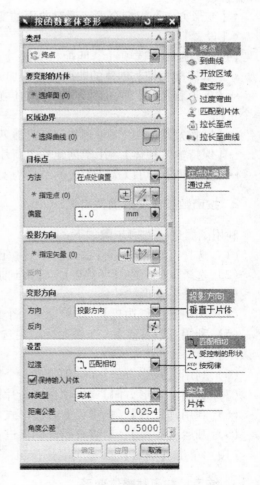

图 5-80　【按函数整体变形】对话框

变形片体与目标片体保持相切。

••【📷拉长至点】以定义点作为全局整形的最大高度对面或片体进行变形与拉伸，区域边界必须封闭。

••【🖌拉长至曲线】 将面或片体变形与拉伸到所选开放的高度曲线，区域边界必须封闭。

【类型】不同，其对话框也有所不同，下面以【🐾终点】类型为例，说明对话框的参数意义。

•【区域边界】选择曲线所围成的区域作为区域边界来创建整形曲面。

•【目标点】

••【在点处偏置】 用于在区域边界内定义一个点和偏置值，此点为沿变形方向偏置值最大的点，如果所选区域边界为平面的，则默认点为区域边界的中心。

••【通过点】 在区域边界中定义一个具有最大高度的3D点。

•【投影方向】通过矢量构造器创建投影矢量，即曲面变形的方向，默认为边界对象平面的法线。

•【变形方向】指定全局变形时曲面的变形变化方向。

•【设置】

【过渡】有3个选项【⚖匹配相切】、【⚖形状控制】与【⚖按规律】。

••【⚖匹配相切】创建的曲面通过相切方式进行边界边缘匹配。

••【⚖形状控制】通过调节滑动块的位置来控制整形曲面的变化形状，在边界边缘形成一个角度。

••【⚖按规律】 以7种规律定义过渡匹配形式。

••【保持输入片体】 用于创建一个新片体。

••【体类型】 可以选择生成的结果为实体或片体。

2. 按函数整体变形操作步骤

利用函数进行加冠步骤如下：

（1）选择【编辑】→【曲面】→【按函数整体变形】或单击曲面工具条上的图标🖼。

（2）选择变形类型：【🐾终点】/【🌐到曲线】/【🔺开放区域】等，例如选择【🐾终点】。

（3）选择要变形的片体。

（4）利用【区域边界】 选项定义一个封闭的区域边界。

（5）利用【目标点】 选项在区域内选择一个点、或空间内的一条曲线、或直接接受默认点。

（6）利用【投影方向】 选项定义一个用于投影新片体的方向、或直接接受默认方向。

（7）利用【变形方向】 选项选择新片体的变形方向。

（8）利用【设置】 选项设置过渡形式、体类型、公差等。

（9）开启【预览】，对将要创建的面进行动态预览。

（10）单击【确定】或【应用】按钮，创建新的相关物体。

3. 练习：按函数整体变形

（1）打开文件 global_shaping_1.prt，见图5-81所示，进入建模环境。

（2）选择【编辑】→【曲面】→【按函数整体变形】或单击曲面工具条上的图标，系统弹出如图5-80所示的【按函数整体变形】对话框。

（3）选择视图中的所有面。

（4）使【区域边界】的选择曲线选项高亮，选择椭圆。

（5）在【目标点】的指定点图标激活下，单击鼠标中键确定使用椭圆中心，在偏置输入栏键入40（mm），打开【预览】，回车，面的形状改变，见图5-82所示。

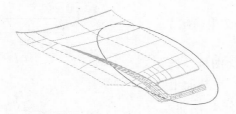 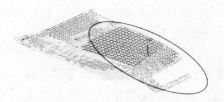

图5-81　文件 global_shaping_1.prt　　　　图5-82　预览模型

（6）【投影方向】与【变形方向】直接采用默认方向。

（7）在【设置】下打开【保持输入片体】，将【过渡】的【匹配相切】改变为【形状控制】，尝试移动滑尺，观察曲面形状变化，如图5-83所示。

（8）单击【确定】，创建一组新的面，如图5-84所示。

图5-83　调节模型形状　　　　　　图5-84　创建出整体变形特征

5.2.12　按曲面整体变形

按照所定义的基面和控制面来控制被编辑的目标面。目标面变形后的曲面变化趋势和所选择的控制面对变化趋势相一致。

选择【编辑】→【曲面】→【按曲面整体变形】或单击曲面工具条上的图标，系统弹出如图5-85所示的【整体变形】对话框。

1. 对话框说明

图5-85　【整体变形】对话框

• 【过滤器】　设置选择类型，有面、体、任何三种选择。

• 【类型】

•• 【加冠】　通过给已经选择的片体或曲面加冠的方式生成一个片体。可以通过功能控制或曲面控制两种方式实现。

•• 【拉长】　沿着指定的方向拉伸一个与基准面反向的片体。

••【可变偏置】 沿着指定的方向偏置一个片体。

2. 按曲面整体变形操作步骤

（1）选择【编辑】→【曲面】→【按曲面整体变形】或单击曲面工具条上的图标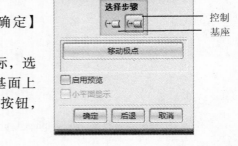。

（2）选择变形类型：【加冠】/【拉长】/【可变偏置】，例如选择【加冠】。

（3）选择要变形的面，单击【应用】或【确定】按钮，弹出如图 5-86 所示的对话框。

（4）选择一个片体作为基面，单击控制面图标，选择一个曲面作为控制面，选择【移动极点】，在基面上显示极点，调整要改变形状的点，单击【确定】按钮，直到得到新的曲面。此时新曲面已经变形。

3. 练习：按曲面整体变形

（1）打开文件 global_shaping_2. prt，如图 5-87 所示，进入建模环境。

图 5-86 【按曲面加冠】对话框

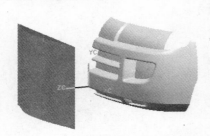

图 5-87 文件 global_shaping_2. prt

（2）选择【编辑】→【曲面】→【按曲面整体变形】或单击曲面工具条上的图标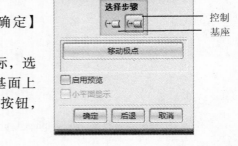，系统弹出如图 5-85 所示的【整体变形】对话框。

（3）将过滤器设置为面。

（4）选择视图中所有车头面。

（5）将类型选择为【加冠】。

（6）将输出设置为【片体】。

（7）单击对话框中的【确定】，出现【按曲面加冠】对话框。

（8）将图中平面选择为基础面。

（9）打开【启用预览】。

（10）开启【小平面显示】，结果如图 5-88 所示。

（11）将图 5-88 中左边弯曲的片体选择为控制面。

（12）单击【按曲面加冠】对话框中的【确定】，创建一组新的面，如图 5-89 所示。

图 5-88 开启【小平面显示】的模型

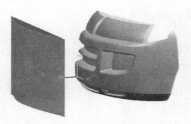

图 5-89 创建出整体变形特征

5.2.13 修剪的片体

在一张曲面上挖一个洞或裁掉一部分曲面，都需要曲面具有修剪功能。修剪的片体是将边界曲线想象成修剪刀，用边界曲线修去曲面。

选择菜单命令【插入】→【修剪】→【修剪的片体】或单击曲面工具条上的图标 ，系统弹出如图 5-90 所示的【修剪的片体】对话框。

1. 对话框说明

● 【目标】

●● 【选择片体】 用于选择将要修剪的片体。选择此项时，过滤器下拉列表中将自动选择片体选项，用户无法选择片体以外的对象。

● 【边界对象】

●● 【选择对象】 用于选择作为修剪的对象。

●● 【允许目标边缘作为工具对象】 用于选择目标片体的边缘作为修剪对象。

● 【投影方向】

●● 【垂直于面】 将投影轴向定义在沿表面的正交方向，即沿着目标曲面的法线投影方向。

●● 【垂直于曲线平面】 将投影方向设置为修剪曲线平面的垂直方向。

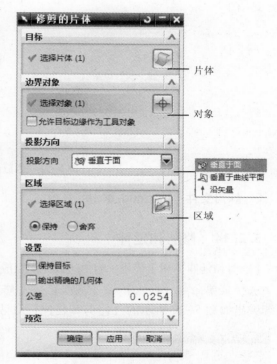

图 5-90 【修剪的片体】对话框

●● 【沿矢量】 利用矢量构造器定义的矢量作为投影方向。

● 【区域】

●● 【选择区域】 用于选择保留或者不要保留的对象。

●● 【保持】 将选择的区域设置为保留。

●● 【舍弃】 将选择的区域设置为舍弃。

2. 修剪的片体操作步骤

（1）单击曲面工具条上的图标 。

（2）输入造型公差值。

（3）如果想保留未修剪的目标体，选择【保留目标】为"√"。

（4）如果需要输出精确几何体，选择【输出精确的几何体】为"√"。

（5）选择一个要修剪的片体。

（6）指定投影方向，当边界曲线不在目标面上时，需要将边界曲线投影到目标面上，根据边界曲线相对目标面的位置，决定沿什么方向投影。

（7）单击修剪边界图标，选择边界曲线，这个边界曲线将对曲面进行修剪。

（8）单击区域图标，观察曲面上保留或修剪掉部分是否符合要求，否则需要再做进一步的选择。

图 5-91 所示为【修剪的片体】示例。

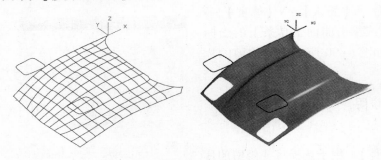

图 5-91　修剪的片体示例

3. 练习文件：trimmed_sheet_1. prt。

5.2.14　修剪和延伸

【修剪和延伸】用于使用一组由边或曲面组成的工具物体去修剪和延伸一个或更多的曲面。

选择菜单命令【插入】→【裁剪】→【修剪和延伸】或单击曲面工具条上的图标，系统弹出如图 5-92 所示的【修剪和延伸】对话框。

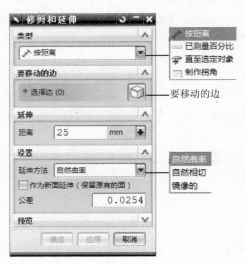

图 5-92　【修剪和延伸】对话框

1. 对话框说明

●【类型】　用于定义延伸和修剪操作的类型，有四种选择。

●●【按距离】　用所给定的距离值延伸一个或多个边缘，不进行修剪操作。

●●【已测量百分比】　按所选工具边长度的百分比延伸一个或多个边缘，首先选择要延伸的目标边缘，然后选择一个或多个工具边缘，不进行修剪操作。

●●【直至所选对象】　用工具修剪目标。如果选择边缘作为目标或工具，在修剪前如有需要进行延伸，延伸量自动确定。如果选择面作为目标或工具，在修剪前不进行延伸，所选面仅用于修剪。

●●【制作拐角】　此选项修改目标和工具来形成拐角。

选择时，在工具上显示一个默认的箭头表明区域选项的（保持或移除）作用方向。矢量从面的法向方向导出。

●【延伸方法】　该选项用于定义延伸操作的连续性。

••【自然相切】延伸沿线性方向创建。

••【自然曲率】片体的延伸是曲率连续。

••【镜像的】片体的延伸是镜像原曲面的形状。

•【箭头侧】 当【类型】定义为【直至所选对象】时，此选项定义修剪操作中保留或去除的部分。

••【保持】选择一个工具片体和边缘时，在目标或工具上显示一个矢量。当矢量处在工具片体上，它指向目标上将要保留的面的方向；当矢量处在目标片体上，它指向工具片体上将要保留的面的方向。

••【删除】选择一个工具片体和边缘时，在目标或工具上显示一个矢量。当矢量处在工具片体上，它指向目标上将要移除的面的方向；当矢量处在目标片体上，它指向工具片体上将要移除的面的方向。

•【作为新面延伸（保留原有的面）】 用于保留目标或工具几何的原边缘。根据操作的输出量创建新边缘，并作为新物体被加入。只有边缘作为输入时才有效。

2. 修剪与延伸操作步骤

修剪片体/实体步骤如下：

（1）将【类型】设置为【直至所选对象】。

（2）在【目标】激活情况下，选择要修剪的目标面/目标体上的一个面。

（3）将【延伸方法】设置为【自然曲率】。

（4）开启【预览】。

（5）单击【刀具】，激活【目标】选项。

（6）选择修剪目标片体/实体的片体工具边。

（7）预览结果，确定修剪操作是否符合要求。

（8）将区域选项设置为【删除】，在工具片体上，矢量所指的方向的面积将要被移除。其他面积保留。

（9）单击【确定】，目标片体/实体被工具片体修剪。

延伸片体步骤如下：

（1）将【类型】设置为【按距离】。

（2）输入一个距离值。

（3）将【延伸方法】设置为【自然曲率】。

（4）开启【预览】。

（5）选择要延伸的片体边缘。

（6）预览结果，确定修剪操作是否符合要求。

（7）单击【确定】，目标片体边缘被延伸。

制作拐角步骤如下：

（1）将【类型】设置为【制作拐角】。

（2）将【选择条】工具条上的【面规则】设置为【单个面】。

（3）在要修剪和制作拐角的目标体上选择一个面。

（4）将【延伸方法】设置为【自然曲率】。

（5）开启【预览】。

（6）单击【刀具】。

（7）在片体上选择工具边缘，用于在目标体上创建拐角。

（8）预览结果，确定所创建的拐角是否符合要求。

（9）单击【确定】，目标片体边缘被修剪并形成拐角。

图 5-93 所示为修剪片体的例子，图 5-94 所示为修剪实体的例子，图 5-95 所示为创建拐角的例子。

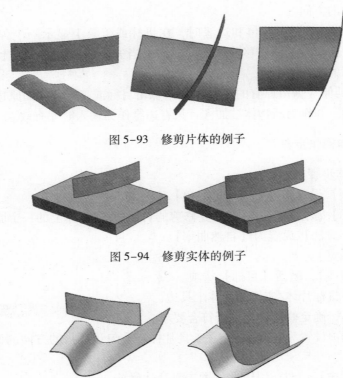

图 5-93　修剪片体的例子

图 5-94　修剪实体的例子

图 5-95　创建拐角的例子

3. 练习文件：trim_and_extend_1. prt，trim_and_extend_2. prt。

5. 2. 15　圆角

在两个曲面之间生成一个倒圆面，倒圆面的截面形状可以指定，倒圆面与两个曲面保持相切，倒圆面与曲面相切的形状可以由半径方法控制，这种方法特别适合于实体倒圆角失败时。

选择【插入】→【细节特征】→【圆角】或单击曲面工具条上的图标 ，系统弹出如图 5-96 所示的选择对话框，提示用户选择第一个面。

选择第一个面后，系统将生成一个法线方向，并弹出如图 5-97 所示的对话框，如果选择【是】按钮，则接受系统的法

图 5-96　选择面对话框

线方向；选择【否】接钮，则选择系统法线的反方向。

重复上述操作，当选择好两个面和法线方向后，系统提示用户选择脊线。选择好以后，系统弹出如图 5-98 所示的对话框，要求选择要创建的对象，在该对话框中，【创建圆角】或【创建曲线】中至少有一个为【是】。

图 5-97　选择法线方向对话框　　　　图 5-98　选择创建对象对话框

1. 对话框说明

- 【创建圆角】　指定系统在完成各项设置后是否创建圆角。
- 【创建曲线】　指定系统在完成各项设置后是否创建曲线。

在设置好创建对象后，系统弹出如图 5-99 所示的对话框，要求设定圆角截面类型。

- 【圆形】　将圆角截面类型定义为圆形，其圆角将相切于其他两个表面。选择该选项，系统将弹出如图 5-100 所示的对话框，可以根据外形选择不同的半径控制类型。

•• 【恒定】　以固定的数值定义倒圆的圆角半径，选择此项后系统弹出点构造器对话框，要求定义起点，然后弹出半径对话框，要求输入半径，输入半径后，系统再次弹出点构造器对话框，要求选择终点，然后系统将根据设置进行倒圆。

图 5-99　圆角截面类型对话框　　　图 5-100 半径控制类型对话框

•• 【线性】　起点和终点的圆角半径连成一条直线，作为圆角的外形。选择该选项后，系统所显示的对话框与【恒定】选项时相同，以相同的步骤产上圆角。

•• 【S 型】　以 S 型的曲率定义圆角外形，系统将以 S 型连接圆角的起点和终点。选择该选项后，系统所显示的对话框与【恒定】选项时相同，以相同的步骤产生圆角。

- 【二次曲线】　将圆角截面类型定义为二次曲线，其圆角相切于其他两个表面。选择该选项后，系统同样弹出如图 5-100 所示的对话框。二次曲线要求输入半径值、比例和 rho 值，其中比例控制偏置大小，rho 控制截面曲线的丰满程度。

2. 圆角操作步骤

（1）单击曲面工具条上的图标 。

（2）选择第一个面，单击【是】按钮确认矢量方向。如果需要反向，单击【否】按钮。

（3）选择第二个面，单击【是】按钮确认矢量方向。如果需要反向，单击【否】按钮。两个面指定的方向表示了在两个曲面这一侧之间生成倒圆面。单击【确定】按钮，表示不选脊线；否则选择脊线。

（4）选择【创建圆角－是】或【创建圆角－否】、【创建曲线－是】或【创建曲线－否】。

（5）选择截面类型：【圆形】/【二次曲线】。

（6）选择半径控制类型：【恒定】/【线性】/【S型】。

（7）如果选择【恒定】，则指定起点，输入半径值，单击【确定】按钮，箭头表示从起点沿这个方向生成倒圆面，单击【是】按钮，确认矢量方向，否则单击【否】按钮反向倒圆。

（8）如果选择【线性】/【S型】，则指定起点，输入该点的半径值；再指定终点，输入终点的半径值。

（9）单击【确定】按钮。

图5-101所示为倒圆曲面的例子。

图5-101　倒圆曲面示例

3. 练习文件：fillet_1. prt。

5.3　曲面编辑

5.3.1　移动定义点

移动曲面的定义点，用新的数据点代替原来的点。新点可以在屏幕上直接给出，也可以用于数据文件。

选择【编辑】→【曲面】→【移动定义点】或单击编辑曲面工具条上的图标 ，系统弹出如图5-102所示的对话框，系统提示用户选择要编辑的曲面。

1. 对话框说明

● 【编辑原先的片体】　对原有的片体进行编辑。

● 【编辑副本】　将编辑后的片体作为一个新的片体生成。

在选择好要编辑的曲面后，系统弹出如图5-103所示【移动点】对话框。对话框中各选项说明如下：

图 5-102 【移动定义点】对话框

图 5-103 【移动点】对话框

● 【单个点】 选择一个控制点进行移动。

● 【整行（V 恒定）】 进择 V 方向为常数的整行控制点进行移动。操作时只需选择一个点，同一行的所有点都会被选中。

● 【整列（U 恒定）】 选择 U 方向为常数的整列控制点进行移动。操作时只需选择一个点，同一列的所有点都会被选中。

● 【矩形阵列】 选择一个矩形区域内的所有点进行移动，操作时只需选择两个对角点。

● 【重新显示曲面点】 选择点后，系统将标示出选择的所有点。

● 【文件中的点】 从文件中读入要移动的点的坐标值。

根据具体情况选择一种移动点方式，这时系统弹出如图 5-104 所示的对话框，用于设置已经选中点的移动方式和移动量。图 5-104 中各选项含义如下：

● 【增量】 相对原来的点，给定 3 个分量的偏移量，即得到点的新位置。

● 【沿法向的距离】 沿曲面该点的法向矢量移动距离。

● 【移至一点】 从当前点位置移动到指定点。

● 【拖动】 定义一个拖动矢量，用光标拖动原来的点到新的位置，只用于移动极点。

2. 移动定义点操作步骤

（1）单击编辑曲面工具条上的【移动定义点】图标。

（2）选择编辑曲面。如果直接编辑曲面选择编辑【原先 图 5-104 移动点设置对话框的曲面】。如果要保留原始曲面，则选择【编辑一个副本】。此时副本面与原曲面不相关。

（3）选择要编辑的曲面。

（4）选择移动点。【单个点】/【整行】/【整列】/【矩形阵列】。

（5）在屏幕上选择要移动的点，选择定义点的新位置的方法，按照所选的方法，确定点的新位置，单击【确定】按钮。

图 5-105 所示为以移动定义点方式编辑曲面的例子，是以整列增量移动的。

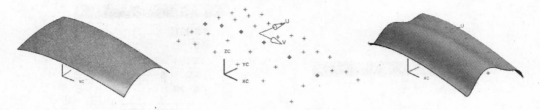

图 5-105　移动定义点编辑曲面示例

3. 练习文件：move_point. prt。

5.3.2　移动极点

移动极点用于改变极点位置使形状发生改变，操作过程类似于移动定义点，只是移动的是极点，且定义新点的位置方法不同而已，这里不再讨论。

5.3.3　扩大曲面

扩大曲面是指通过改变未裁剪过曲面的尺寸来实现曲面缩放。曲面缩放可以根据 U 和 V 的最大值和最小值来调整。

选择【编辑】→【曲面】→【扩大】或单击编辑曲面工具条上的图标 ，系统弹出如图 5-106 所示的对话框。

图 5-106　【扩大】对话框

1. 扩大曲面操作步骤

（1）如图 5-107 所示，选择要放大的曲面，一旦选中，系统将以 U、V 方向网格线显示该面，并显示 U、V 方向的箭头。

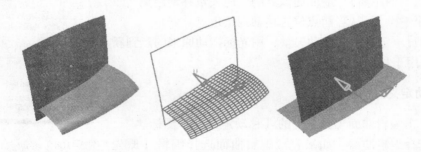

图 5-107　扩大曲面示意图

（2）选择类型。【线性】：线性扩大曲面；【自然】：沿自然样条扩大曲面。

（3）在如图 5-106 所示的对话框中用光标分别拖动 4 个滑块，观察曲面的变化。如要给出精确尺寸，在编辑框中输入数据。

（4）如果需要重新输入数据，单击【重置】按钮。

（5）如果需要对另外的曲面进行扩大，单击【重新选择面】按钮，重新选择曲面，重复上面操作。

(6) 单击【确定】或【应用】按钮。

生成扩大后的曲面如图 5-107 所示。

2. 练习文件：enlarge_1. prt。

5.3.4 等参数修剪/分割

等参数修剪/分割是指将曲面修剪到需要的大小或分割成需要的片数。

选择【编辑】→【曲面】→【等参数修剪/分割】或单击编辑曲面工具条上的图标，系统弹出如图 5-108 所示的对话框。无论是选择【等参数修剪】还是【等参数分割】，系统都将弹出如图 5-109 所示的对话框。

图 5-108 【修剪/分割】对话框

图 5-109 【修剪/分割】对话框

当选择了【等参数修剪】选项，并在图 5-109 所示的对话框中选择了曲面后，系统将弹出如图 5-110 所示的警告对话框。确认以后，系统弹出【等参数修剪】对话框，该对话框的 4 个文本框分别用来输入修剪前后曲面 U 向和 V 向占原片体的百分比，其数字范围是 0~100。

对于【使用对角点】选项，是通过指定曲面的两个点，用两点的连线对曲面进行修剪。

当选择了【等参数分割】选项，并在图 5-109 所示的对话框中选择了曲面后，系统将弹出如图 5-110 所示的警告对话框。确认以后，系统弹出如图 5-111 所示的对话框。

图 5-110 【警告】对话框

图 5-111 【等参数分割】对话框

该对话框各选项的意义如下：

- 【U 恒定】 是在 U 方向上按照百分比重新划分。
- 【V 恒定】 是在 V 方向上按照百分比重新划分。
- 【百分比分割值】 用于输入分割时的百分比值。

●【点构造器】 用来输入一个点或在作视图中指定一个点作为 U 向或者 V 向的投影划分边界。

图 5-112 所示是等参数修剪/分割的例子。

图 5-112　等参数修剪/分割示例

练习文件： isotrim_divide. prt。

5.3.5　片体边界

片体边界是指修改和替换片体的边界，用户可以删除曲面上的修剪边和孔，如果是单张曲面，还可以延拓曲面，以恢复到原先状态。

选择【编辑】→【曲面】→【边界】或单击编辑曲面工具条上的【片体边界】图标，系统弹出如图 5-113 所示的对话框，同时系统提示用户选择要修改的片体。

在选择好一个曲面后，系统弹出如图 5-114 所示的对话框。

图 5-113　选择片体对话框

图 5-114　【编辑片体边界】对话框

●【移除孔】 从片体或曲面上删除孔特征。选择该选项后，系统弹出如图 5-115 所示的警告对话框，警告用户该操作将移除自由特征参数，单击【确定】按钮后，系统弹出如图 5-116 所示的选择对话框，提示用户选择需要移除的孔特征，完成后，单击【确定】按钮即可。

●【移除修剪】 从片体或曲面上删除修剪的边，恢复原来末修剪的片体或曲面。单击该选项后，系统弹出类似于图 5-115 所示的警告对话框，警告用户该操作将移除片体的自由特征参数，单击【确定】按钮后，恢复为原来未修剪的片体。

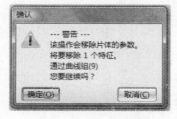

图 5-115　警告对话框

图 5-116　【类选择】对话框

●【替换边】 用指定的边界对象代替片体或曲面上指定要替换的边。单击该选项后，系统弹出类似于图 5-115 所示的警告对话框，警告用户该操作将移除片体的自由特征参数。单击【确定】按钮后，系统弹出如图 5-116 所示类选择器对话框，提示用户选择需要定位的边界，选择好以后，单击【确定】按钮，系统弹出如图 5-117 所示的对话框。

图 5-117 【编辑片体边界】对话框

在该对话框中，提供了相应的几何对象作为边界。

●【选择面】 以物体的面作为边界对象。

●【指定平面】 用平面构造器构造的平面作为边界的一部分。

●【沿法向的曲线】 沿着基面的法向矢量，投影到基面上的曲线或边作为边界对象。

●【沿矢量的曲线】 沿着指定的矢量方向，投影到基面上的曲线或边作为边界对象。

●【指定投影矢量】 指定一个方向，曲线沿该方向投影后作为边界。

图 5-118 所示是以【移除孔】为例的编辑片体边界。

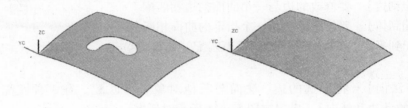

图 5-118 移除片体孔示例

练习文件：sheet_boundary. prt。

5.3.6 更改边

改变边是指修改曲面的边使其与另一曲面的边相匹配的操作。

选择【编辑】→【曲面】→【更改边缘】或单击编辑曲面工具条上的图标，系统弹出如图 5-119 所示的对话框，同时系统提示用户选择要修改的曲面。选择要修改的曲面后，系统弹出如图 5-120 所示的警告对话框。

图 5-119 选择片体对话框

图 5-120 警告对话框

单击【确定】按钮，系统弹出如图 5-121 所示的对话框，并要求用户选择要编辑的 B 曲面边。选择要修改的曲面边后，系统弹出如图 5-122 所示的对话框。

图 5-121　选择曲面边对话框

图 5-122　边改变方式对话框

1. 对话框说明

图 5-123　匹配类型对话框

●【仅边】　仅将曲面的边与一定的几何对象进行匹配而不需考虑切向矢量、曲率等连续条件匹配的几何对象类型，选择图 5-122 中的【仅边】，出现如图 5-123 所示对话框。

●●【匹配到曲线】　要修改的边与一条指定的曲线匹配。

●●【匹配到边】　要修改的边与一个曲面的边相匹配。

●●【匹配到体】　要修改的边与一个指定的曲面相匹配。

●●【匹配到平面】　要修改的边与平面匹配，使得边位于平面上。

●【边和法向】　将所选的边、法向与其他对象进行匹配，有 3 种匹配条件，选择图 5-122 中的【边和法向】，出现如图 5-124 所示对话框。

●【边和交叉切线】　将所选的边、交叉切矢与其他对象进行匹配。所谓交叉切矢指的是从属面与主对象在曲面边界上（要修改的边）满足切矢条件。这种修改方法有 3 种，如图 5-125 所示。

图 5-124　边和法向对话框

图 5-125　边和交叉切矢线话框

●【边和曲率】　类似于边和交叉切矢，但连续条件为曲率。

●【检查偏差—不】　确定是否对匹配后的曲面在距离、切矢方面的偏差进行计算。

2. 更改边操作步骤

（1）单击编辑曲面工具条上的图标📐。

（2）选择【编辑原先的片体】或【编辑副本】，在图形区选择要编辑的曲面，选择要修改的边。

（3）在图 5-122 所示的对话框中选择修改边的方式：【仅仅边缘】／【边和法向】／【边和交叉切线】／【边和曲率】／【检查偏差—不】。

（4）根据上面不同的修改边界的方法，会弹出不同的对话框，选择需要的匹配方法。根据匹配的方法，选择需要的对象。

图 5-126 所示为一修改曲面边缘的例子，

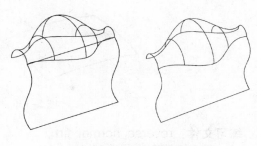

图 5-126 修改边缘示例

3. 练习文件：match_edge. prt。

5.3.7 更改阶次

在曲面编辑中改变次数不改变曲面的形状。如果是多片生成的片体，或者是封闭曲面，则只能增加次数。降低曲面的次数可能导致曲面的变化。

选择【编辑】→【曲面】→【度】或单击编辑曲面工具条上的【更改阶次】图标x^2，系统弹出如图 5-127 所示的对话框，同时系统提示用户选择要修改阶次的曲面。选择要修改的曲面后，系统弹出如图 5-128 所示的对话框，要求用户编辑参数，输入参数后，生成新的曲面。

图 5-127 【更改阶次】对话框

图 5-128 【更改阶次】对话框

5.3.8 更改刚度

通过改变曲面的次数来改变曲面的形状。增加次数，极点不变，曲面形状改变，曲面远离控制多边形；减少次数，降低了刚性，曲面与控制多边形更接近。此操作非常简单，选择【编辑】→【曲面】→【刚度】或单击编辑曲面工具条上的【更改刚度】图标，弹出的对话框与改变次数中的图 5-127、图 5-128 所示完全一样，选择要修改的曲面，输入新的次数即可。

5.3.9 法向反向

修改曲面的法矢方向，使其反向，并将法向矢量作为一个特征加到曲面上。该特征可以编辑、重排序、抑制、删除。法向反向操作相当简单，选择【编辑】→【曲面】→【法向反向】或单击编辑曲面工具条上的【法向反向】图标，系统弹出如图 5-129 所示的对话框，选择曲面，单击【确定】按钮即可。

图 5-130 所示为法向反向的例子。

图 5-129 【法向反向】对话框

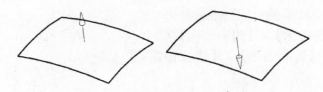

图5-130　法向反向示例

练习文件：reverse_normal. prt。

5.4　案例

5.4.1　吊钩

绘制的吊钩如图5-131所示。其操作步骤如下：

（1）打开文件 mff_hook. prt，如图5-132所示，进入建模环境。

（2）选择【插入】→【曲线】→【样条】或单击曲线工具条上的图标～，弹出样条对话框。单击【通过点】按钮，弹出通过点生成样条对话框。将曲线类型设置为【多段】，曲线阶次为默认值3，单击【确定】，弹出样条对话框。单击【点构造器】按钮，弹出点构造器对话框。将点选择方式设置为【现有点】，按图5-133所示顺序选择点。

图5-131　吊钩三维模型

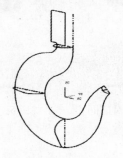

图5-132　文件 mff_hook. prt

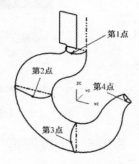

图5-133　选择点

（3）选择完4个点后，单击【确定】，弹出【指定点】对话框，如图5-134所示。

（4）如果点选择正确，单击【是】按钮，弹出【通过点生成样条】对话框，如图5-135所示。

图5-134　【指定点】对话框

图5-135　【通过点生成样条】对话框

（5）单击【赋斜率】按钮，弹出【指定斜率】对话框，如图 5-136 所示。

（6）在第 1 点附近单击一下，再将对话框中的斜率方式设置为【曲线的斜率】，单击【确定】按钮，弹出【斜率】对话框，如图 5-137 所示，此时系统提示用户选择曲线端点。

图 5-136 【指派斜率】对话框　　　　　　　图 5-137 【斜率】对话框

（7）选择任意一条垂直线，则第 1 点处的斜率沿垂直方向，如图 5-138 所示，再弹出【指派斜率】对话框。

（8）在第 2 点附近单击一下，再将对话框中的斜率方式设置为【曲线的斜率】，单击【确定】按钮，弹出【斜率】对话框，选择任意一条垂直线，则第 2 点处的斜率沿垂直方向，再弹出【指定斜率】对话框。

（9）在第 3 点附近单击一下，再将对话框中的斜率方式设置为【曲线的斜率】，单击【确定】按钮，弹出【斜率】对话框，选择任意一条水平线，则第 3 点处的斜率沿水平方向，再弹出【指定斜率】对话框。

（10）在第 4 点附近单击一下，再将对话框中的斜率方式设置为【曲线的斜率】，单击【确定】按钮，弹出【斜率】对话框，按图 5-138 所示选择斜线，则定出第 4 点的斜率方向，再弹出【指定斜率】对话框，直接单击【确定】按钮，创建出样条，如图 5-139 所示。

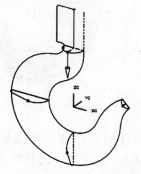

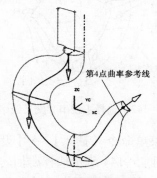

图 5-138 指定第 1 点斜率　　　　　　　图 5-139 创建样条线

(11) 选择【编辑】→【变换】，单击 。弹出变换对话框，单击【类型过滤器】按钮，弹出根据类型选择对话框，选择曲线选项，按图5-140所示选择样条线和4个截面草图，单击【确定】按钮两次，弹出变换对话框，选择【通过一平面镜像】按钮，弹出定义平面对话框，选择的XC-ZC平面选项，单击【确定】按钮，弹出变换对话框，选择【复制】按钮，完成镜像操作，结果见图5-141所示。

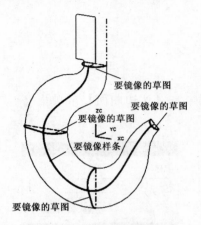

图5-140 选择要镜像的曲线

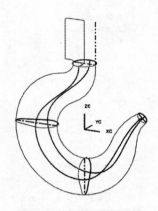

图5-141 完成曲线镜像

(12) 选择【插入】→【网格曲面】→【通过曲线网格】或单击图标 ，系统弹出【通过曲线网格】参数对话框。按图5-142所示选择主曲线，单击鼠标中键确认，直到所有主曲线选择完毕。所有主曲线的箭头和起始点一致。然后按顺序选择交叉曲线，单击鼠标中键确认，直到所有交叉曲线选择完毕。为了形成封闭的实体，重选第1条交叉曲线为最后一条交叉曲线，即第5条交叉曲线。不选择脊线，采用默认参数，最后单击【确定】按钮，生成实体，如图5-143所示。

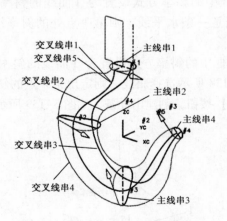

图5-142 选择主线串和交叉线串

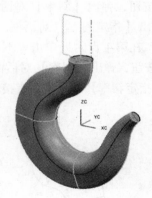

图5-143 创建吊钩主体

(13) 选择菜单命令【插入】→【设计特征】→【回转】或单击图标 ，弹出【旋转】对话框。按图5-144所示选择要回转的剖面（草图），再指定回转中心轴，输入回转起始角和结束角，单击【应用】或【确定】按钮，生成回转体，如图5-145所示。

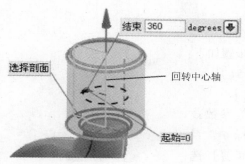

图 5-144　选择回转剖面和回转中心轴　　　图 5-145　创建吊钩主体端头

（14）选择菜单命令【插入】→【网格曲面】→【N 边曲面】或单击曲面工具条上的图标，系统弹出【N 边曲面】对话框，选择类型为【多个三角补片】。按图 5-146 所示选择边界边作为边界曲线，单击【确定】按钮，边界曲面图标被激活，按图 5-146 所示选择边界面，单击【确定】按钮，生成临时曲面。

（15）弹出【形状控制】对话框，在【匹配连续性】中选择 G1，在【外壁上的流动方向】下拉列表框中选择【ISO U/V 线】，移动 Y 滑块到 55 左右，移动 Z 滑块到 75 左右，移动【中心平面】滑块到 90 左右，单击【应用】或【确定】按钮，创建的 N 边曲面见图 5-147 所示。

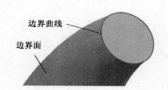

图 5-146　选择边界曲线和边界面　　　图 5-147　创建 N 边曲面

（16）选择菜单命令【插入】→【关联复制】→【抽取】或单出图标，弹出【抽取】对话框，按图 5-148 左图所示选择抽取面，抽取的面见图 5-148 右图所示。

（17）选择菜单命令【插入】→【组合体】→【缝合】或单击图标，弹出【缝合】对话框，将 N 边曲面作为目标片体，抽取面作为工具片体进行缝合，缝合结果为实体，如图 5-149 所示。

图 5-148　抽取面　　　图 5-149　缝合提取面和　　　　　　　　　　　　　　　　　　　　　　　N 边曲面

（18）选择菜单命令【插入】→【联合体】→【求和】或单击图标，将图中的 3 个实体求和，完成吊钩创建，结果见图 5-131 所示。

5.4.2 凸台

绘制的凸台如图 5-150 所示。其操作步骤如下：

（1）打开文件 mff_hood.prt，如图 5-151 所示，进入建模环境。

（2）选择【编辑】→【曲面】→【等参数裁剪/分割】或单击编辑曲面工具条上的图标，系统弹出修剪/分割对话框。选择【等参数修剪】选项，再弹出修剪/分割对话框，选择【编辑副本】选项。

图 5-150 凸台模型

（3）选择视图中的曲面（在 81 层），系统将弹出【等参数修剪】对话框，选择对话框中的【使用对角点】选项，弹出【对角点】对话框，选择【点构造器】选项，弹出【点构造器】对话框，按图 5-152 所示选择对角点。

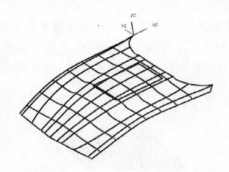

图 5-151 文件 mff_hood.prt

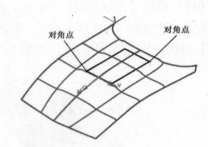

图 5-152 选择对角点

（4）弹出【等参数修剪】对话框，如图 5-153 所示。

（5）单击【确定】按钮，生成【等参数修剪】曲面，如图 5-154 所示，原始面已隐藏。

图 5-153 【等参数修剪】对话框

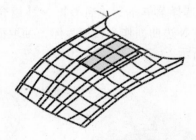

图 5-154 【等参数修剪】曲面

（6）选择【插入】→【偏置/缩放】→【变量偏置】或单击曲面工具条上的图标，系统弹出【变偏置曲面】对话框，选择【等参数修剪】面，系统生成一个法线方向，并弹出点构造器对话框，选择面的一个端点，出现偏置距离输入对话框，输入偏置距离，单击【确定】按钮。重复上述操作，一直到选择完面的四个端点，并对图 5-155 所示曲面给定距离值。

（7）单击【确定】按钮，创建【变量偏置】曲面，如图 5-156 所示。

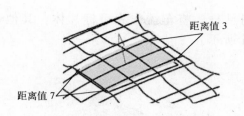

距离值 3

距离值 7

图 5-155　选择【变量偏置】距离值

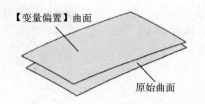

【变量偏置】曲面

原始曲面

图 5-156　创建【变量偏置】曲面

（8）选择【编辑】→【曲面】→【扩大】或单击编辑曲面工具条上的图标，系统弹出【扩大】对话框，选择所创建的【变量偏置】曲面，按图 5-157 所示设置扩大参数。

（9）单击【确定】按钮，完成扩大曲面操作，如图 5-158 所示。

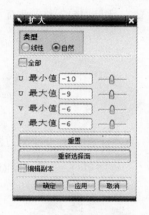

图 5-157　设置扩大参数

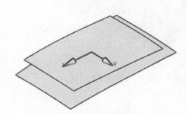

图 5-158　扩大曲面

（10）选择菜单命令【插入】→【修剪】→【修剪的片体】或单击曲面工具条上的图标，系统弹出【修剪的片体】对话框，按图 5-159 所示设置对话框参数。

（11）选择图 5-160 所示的片体为目标片体，矩形的 4 条直线（在 41 层）为修剪边界。

（12）单击【确定】按钮，完成修剪曲面，如图 5-161 所示。

（13）选择菜单命令【插入】→【网格曲面】→【直纹面】或单击图标，系统弹出【直纹面】对话框，对齐方式采用【参数】，打开【保留形状】选项。按图 5-162 选择剖面线串 1 和剖面线串 2。

（14）单击【应用】按钮，创建直纹面，如图 5-163 所示。

（15）按步骤（14）创建其他 3 个直纹面，如图 5-164 所示。

（16）选择菜单命令【插入】→【组合体】→

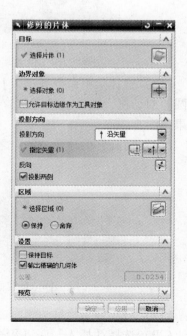

图 5-159　设置对话框参数

【缝合】或单击图标 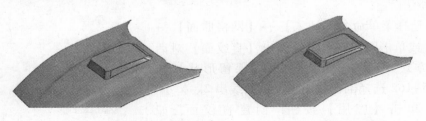，弹出【缝合】对话框，将车盖作为目标片体，其他 5 个面作为工具片体进行缝合，结果如图 5-165 所示。

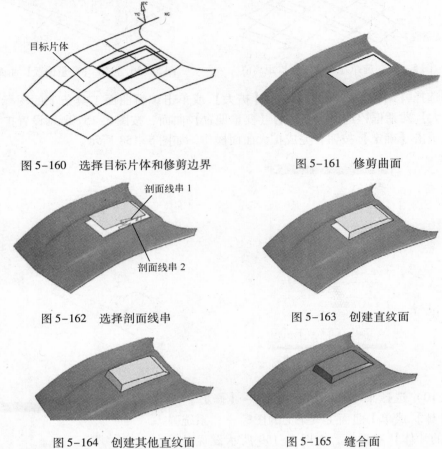

图 5-160　选择目标片体和修剪边界　　图 5-161　修剪曲面

图 5-162　选择剖面线串　　图 5-163　创建直纹面

图 5-164　创建其他直纹面　　图 5-165　缝合面

（17）选择菜单命令【插入】→【细节特征】→【面倒圆】或单击图标 ，弹出【面倒圆】对话框，选择【滚动球】为面倒圆类型，对凸台的 4 个角落倒圆，倒圆半径为 6，结果如图 5-166 所示。

（18）对凸台的顶面与侧面之间倒圆，倒圆半径为 3，生成面倒圆，如图 5-167 所示。

图 5-166　创建面倒圆　　图 5-167　再创建面倒圆

（19）对车盖与凸台的侧面之间倒圆，倒圆半径为 6，生成面倒圆，如图 5-168 所示。

（20）选择【插入】→【组合体】→【熔合】或单击曲面工具条上的图标 。系统弹出【熔合】对话框。将驱动类型设置为【曲线网格】，投影类型设置为【沿固定矢量】，其他采用默认值，单击【确定】按钮。

（21）弹出【选择主曲线】对话框，在屏幕上按图 5-169 所示选择主曲线，单击【确定】按钮，弹出【选择交叉曲线】对话框，在屏幕上按图 5-169 所示选择交叉曲线，单击【确定】按钮。

图 5-168　继续创建面倒圆　　　图 5-169　选择主曲线与交叉曲线

（22）弹出【矢量】对话框，选择【ZC 轴】，单击【确定】按钮，借助类选择器选择图 5-169 中所示面为目标面。

（23）单击【确定】按钮，创建熔合曲面，如图 5-170 所示。

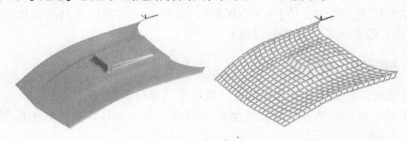

图 5-170　创建熔合曲面

本 章 练 习

5.1　创建瓶体。文件 mff_bottle. prt 如图 5-171 所示。在文件 mff_bottle. prt 基础上，分别用【扫掠】、【通过曲线组】和【通过曲线网格】方法创建瓶体，并进行比较。

5.2　创建杯子手柄。文件 mff_cup. prt 如图 5-172 所示。文件 mff_cup 中已存在引导线串，在引导线串的两端，创建手柄的截面线串，再用【扫掠】方法创建手柄，尝试创建几种不同的手柄。

图 5-171　文件 mff_bottle　　　　　　图 5-172　文件 mff_cup

第6章 工 程 制 图

6.1 概述

工程制图是 UG 的一个模块，它是基于建模应用中生成的三维模型，建立和维护各种二维工程图。UG 中的工程制图是三维空间到二维空间投影变换得到的二维图形，这些图形严格地与三维模型相关。

在工程制图模块中，用户可以创建各种视图，完成图纸需要的其他信息的绘制、标注、说明等。工程制图的内容包括：制图标准的设定、图纸的确定、视图的布局、各种符号标注（中心线、粗糙度）、尺寸标注、几何形位公差标注和文字说明等。

单击标准工具条上的【开始】→【制图】，或单击应用模块工具条上的图标 ，进入 UG 的制图模块，绘制出符合要求的图纸。

6.1.1 制图的一般过程

在建模完成后，对设计模型进行检查，然后按下述步骤进入制图过程。

（1）如果是主模型方法，建立主模型结构后进入下一步；如果是非主模型方法，直接进入下一步。

（2）进入制图应用。

（3）单击标准工具条上的【开始】→【制图】。

对话框各选项含义如下：

● 图纸选择。选择图纸幅面大小（多少视图能表达清楚设计意图及加工信息）、视图比例、制图单位（mm）、投影角，加图纸边框。

● 视图布局。投影第一个视图：从视图类型选取所需要的显示视图；投影其他视图：用于三视图生成；局部放大图：用于放大某些局部细节；其他剖视图：生成各种剖视图。

● 标注。中心线、公差标注、文字标注、标识符号、粗糙度符号、尺寸标注、其他标注。

● 修改调整。在【编辑】或【首选项】下修改图纸大小、视图比例、尺寸等。

6.2 制图首选项

在绘制工程图前，一般都需要预先设置制图参数，参数设定值大部分在制图过程中不需要改动。用户可以方便地使用【制图首选项】工具条进行制图参数设置。选择菜单命令【工具】→【定制】→【工具条】→【制图首选项】，弹出如图 6-1 所示的【制图首选项】工具条，可与菜单命令【首选项】一起进行制图首选项设置。

图 6-1 【制图首选项】工具条

6.2.1 制图首选项

制图首选项主要包括 4 大方面的设置：常规、预览、视图和注释。下面介绍几个常用的首选项。

1. 视图

选择菜单命令【首选项】→【制图】→【视图】，弹出如图 6-2 所示的【制图首选项】对话框。对话框中各选项含义如下：

●【延迟视图更新】 当系统初始化图纸更新时，控制视图是否同时更新，选择该复选框表示延迟视图更新。系统初始图纸更新是指由下列操作引起的更新：【文件】→【打开】、【文件】→【绘图】、【文件】→【制图】等。视图更新是指：隐藏线、轮廓线、视图边界、剖视图、局部放大图。

●【创建时延迟更新】 当在图纸中创建视图、尺寸等更新时，控制视图是否同时更新，选择该复选框表示创建时延迟更新。

当选择以上复选框而又要更新视图时，采用【编辑】→【视图】→【更新视图】来更新。

●【显示边界】 每个投影视图都有一个边界，默认为自动边界（由系统根据视图大小所作的矩形包围圈），也可以是用户自定义的边界。视图边界的显示由图 6-2 所示的【制图首选项】对话框中的【显示边界】复选框控制。视图边界颜色可以更改。

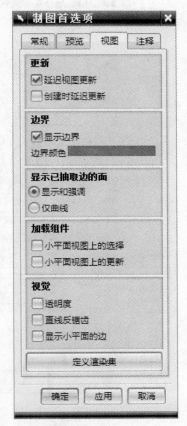

图 6-2 【制图首选项】对话框

采用【编辑】→【视图】→【视图边界】来更改视图边界的显示形式。

图 6-3 所示为打开与关闭【显示边界】选项时的视图显示。

2. 注释

在图 6-2 所示的【制图首选项】对话框中选择【注释】命令，则出现图 6-4 所示的对话框。

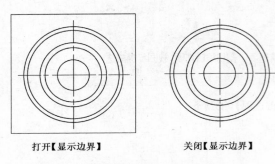

打开【显示边界】　　　　　关闭【显示边界】

图6-3　打开与关闭【显示边界】对比

图6-4　【制图首选项】（注释）对话框

●【保留注释】　由于设计模型的修改，可能一些注释或标注对象的基准被删除，这些标注对象是否还存在，可由【保留注释】复选框控制。

保留的注释或尺寸不能在制图范围内修改，只能在【制图首选项】对话框的注释选项中修改，选择【删除保留的注释】按钮进行删除。

6.2.2　剖切线显示

剖切线显示主要控制剖切线的线型、线宽、箭头大小、显示标签等。选择菜单命令【首选项】→【剖切线】或在【制图首选项】工具条中单击【剖切线首选项】图标 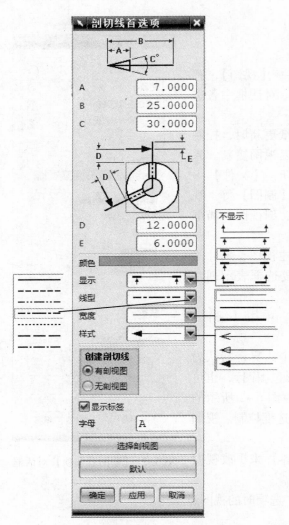，弹出截面线显示对话框，如图6-5所示。

对话框中各选项卡的含义如下：

●【剖切线的定义尺寸】　箭头长度、角度等。

●【剖切线颜色】　线型、线宽、箭头式样。类型显示建议设定国标【GB符号】。

●【显示标签】　如果【显示标签】为"√"，则显示剖切标记，系统自动按照剖视图顺序排列标号A，B，…。

修改已有剖切线的显示，可直接选择要修改的剖切线或单击对话框中的【选择剖视图】，选择新的样式和输入新的参数，

图6-5　【剖切线首选项】对话框

单击【确定】按钮。如果修改剖切字母的属性，如字高、字宽等，应选择【首选项】→【注释】→【文字】→【常规】。

6.2.3 视图显示

视图显示是控制与视图有关的显示特性。其内容有一般、消隐线、可见线、光顺线、理论相交线、线型与线宽、断面线、螺纹等。选择菜单命令【首选项】→【视图】或在【制图首选项】工具条中单击【视图首选项】图标 📷，弹出【视图首选项】对话框，如图 6-6 所示。

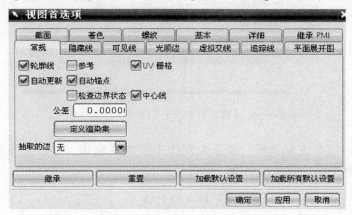

图 6-6 【视图首选项】（常规）对话框

下面介绍【视图首选项】对话框中有关国标中常用的预设置。

1. 常规

相关选项含义如下：

● 【参考】 选择该复选框，投影所得的视图只有参考符号和视图边界，不能表达模型特征，如图 6-7 所示。

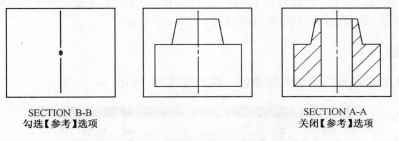

图 6-7 选择【参考】显示对比

● 【UV 栅格】 主要用于曲面显示，区别曲面特征与曲线特征，选择该复选框表示曲面上有 UV 栅格出现。

● 【自动更新】 模型修改后，控制视图是否自动更新，选择该复选框表示自动更新。

● 【中心线】 创建视图时，选择该复选框表示系统在对称位置处自动添加中心线。

2. 隐藏线

隐藏线用于表达模型内部不可见轮廓线，对话框如图 6-8 所示。相关选项含义如下：

图 6-8 【视图首选项】（隐藏线）对话框

● 【隐藏线】 选择该复选框，表示在视图中添加消隐线，可以选择修改消隐线颜色、线型、线宽。国标中消隐线是用虚线、细线来表示的。

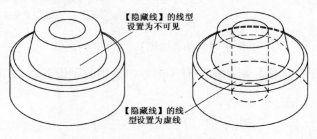

【隐藏线】的线型
设置为不可见

【隐藏线】的线
型设置为虚线

图 6-9 选择【隐藏线】显示对比

● 【边隐藏边】 当模型进行投影时，零件的棱边可能会重叠在一起，选择该复选框，则隐藏边全部显示，在制图中通常都不选择。

3. 可见线

可见线主要控制视图轮廓线的颜色、线型与线宽，如图 6-10 所示。

图 6-10 【视图首选项】（可见线）对话框

4. 光顺边

光顺边控制模型相切处边界显示。选择该复选框，则显示光顺边，国标中是不需要显示光顺边的，在制图时通常不选择，如图 6-11 所示。

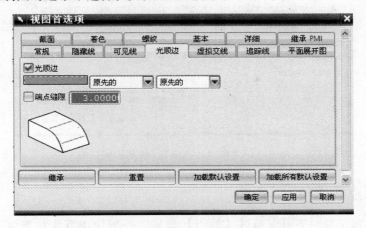

图 6-11　【视图首选项】（光顺边）对话框

5. 截面

截面主要用于剖视图轮廓边和剖面线的控制，其对话框如图 6-12 所示。相关选项含义如下：

• 【背景】　用于剖切面与背面投影轮廓线的显示。选择该复选框，则显示背景线，否则只显示剖切面。

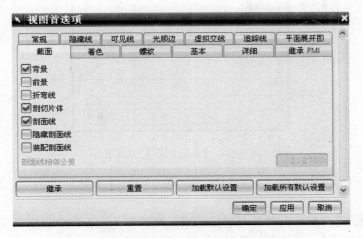

图 6-12　【视图首选项】（截面）对话框

• 【剖面线】　控制剖视图中剖面线的显示，选择该复选框，则显示剖面线，同时使【不显示剖面线】和【装配断面线】复选框高亮显示。

• 【装配剖面线】　用于控制装配图中剖面线方向的显示，选择该复选框，则零件与零件之间剖面线以不同的方向高亮显示。

6. 螺纹

在绘制螺纹时，应选择国际标准的螺纹简化画法，如图 6-13 所示。

图 6-13 【视图首选项】（螺纹）对话框

6.2.4 原点首选项

各种标注的定位及对齐可以通过【原点】设置，一般使用默认状态而不需要设置，有时需要按一定形式标注。例如，需要尺寸线水平箭头对齐，就需要选择对齐方式。

选择菜单命令【首选项】→【原点】或单击制图首选项工具条上的图标⊞，系统弹出如图 6-14 所示的【原点工具】对话框。相关选项含义如下：

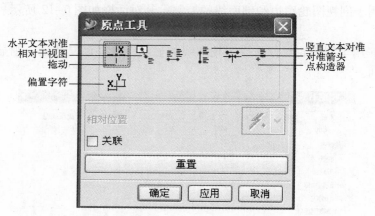

图 6-14 【原点工具】对话框

- 【拖动】 由光标决定标注对象的原点位置，如果【关联】设为√，则标注的对象与点的位置相关。
- 【相对于视图】 标注的对象与制图的成员视图相关，标注对象随之变化。
- 【水平文本对准】 字符与一个已有制图对象水平对齐。
- 【竖直文本对准】 字符与一个已有制图对象竖直对齐。
- 【对准箭头】 尺寸标注的箭头与一个已有的箭头对齐。
- 【点构造器】 利用辅助选点方法，相对于点标注制图对象。
- 【偏置字符】 字符与一个已有制图对象偏置。

6.2.5 视图标签首选项

在制图中，剖视图、向视图、局部放大图都需要标号，比例视图需要标注比例值。视图标签首选项主要控制视图标号及视图比例的显示。

选择菜单命令【首选项】→【视图标签】或单击
制图首选项工具条上的图标；系统弹出如图 6-15 所
示的【视图标签首选项】对话框。相关选项含义如下：

• 【其他】　除局部放大视图、剖视图之外的所有视
图标签参数。

• 【详细】　设置局部放大视图标签参数。

• 【截面】　设置剖视图标签参数。

• 【位置】　确定视图标签和视图比例标签的位置。

•• 【上面】　将视图标签和视图比例标签放置在视图
的上方。

•• 【下面】　将视图标签和视图比例标签放置在视图
的下方。

• 【视图标签】　选择该复选框可设置视图中标签参数。

•• 【视图名】　编辑视图名。

•• 【视图字母】　编辑视图标签的内容及参数。

•• 【前缀】　指视图名称。系统默认视图名称：
【无】、【DETAIL】、【SECTION】。

•• 【字母格式】　有 A、A－A 两种表达方式。

•• 【字母大小比例因子】　确定视图字母与前缀字体
大小的比例。

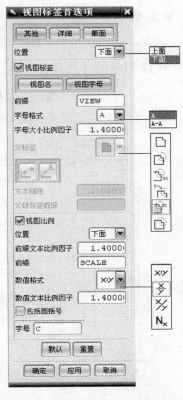

图 6-15 【视图标签首选项】对话框

•• 【父组标签】　确定父视图中标签的形式。

•• 【文本间隙】　控制文本间间距，通常采用默认值。

•• 【父组标签前缀】　在父组标签前添加前缀，一般不需要输入。

• 【视图比例】　控制视图比例标签参数。

•• 【位置】　确定比例标签在视图标签的上方或下方。

•• 【前缀文本比例因子】　确定文本与视图文本的比例关系。

•• 【前缀】　系统默认比例的前缀名为 SCALE。

•• 【数值格式】　确定比例值的格式。

•• 【数值文本比例因子】　比例值与比例前缀的比例关系。

图 6-16 所示是剖面视图标签和细节视图标签的示例。

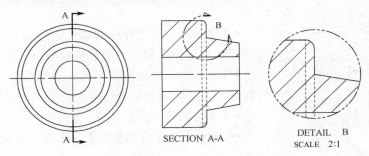

图 6-16　视图标签首选项示例

6.2.6 尺寸标注首选项

选择菜单命令【首选项】→【注释】或单击制图首选项工具条上的图标 $\mathbf{A}^{\prime}$，系统弹出如图 6-17 所示的【注释首选项】（尺寸）对话框。

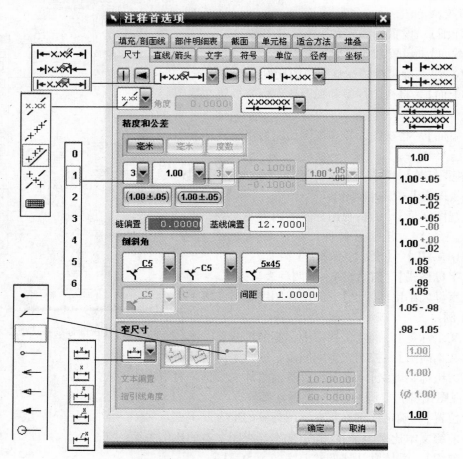

图 6-17 【注释首选项】（尺寸）对话框

1. 标注尺寸样式

相关选项含义如下：

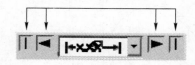

图 6-18 控制第 1、2 边延伸线和第 1、2 边箭头显示

放置在尺寸线中间。

- •【显示第 1 边延伸线和第 1 边箭头】 可分别控制尺寸线第 1 边延伸线和第 1 边箭头的显示，如图 6-18 所示。
- •【显示第 2 边延伸线和第 2 边箭头】 可分别控制尺寸线第 2 边延伸线和第 2 边箭头的显示，如图 6-18 所示。
- •【文本放置方式】
- •• ⊢×.×⤬⊣【自动放置】 标注尺寸时，尺寸值自动

•• →|×.×⤬|←【手动放置】 （箭头在外）手动放置尺寸线的位置，箭头在尺寸引出线外侧。

•• |←x.x→| 【手动放置】 （箭头在内）手动放置尺寸线的位置，箭头在尺寸引出线内侧。

•【引出线内的尺寸线】

•• →| |←X.XX 【箭头之间没有横线】 箭头之间没有连接的尺寸线。

•• →|←X.XX 【箭头之间有横线】 箭头之间有连接的尺寸线。

•【尺寸线上方文本放置方式】

•• ✕✕✕ 【水平的】 尺寸字符总是水平方向放置，国标中常用来标注角度、半径、直径。

•• ✕ 【对齐的】 尺寸字符平行镶嵌在尺寸线内。

•• ✕ 【尺寸线上方的文本】 尺寸字符平行放置在尺寸线上方，是国标中常用的标注尺寸文本的方式。

•• ✕ 【垂直的】 尺寸字符垂直镶嵌在尺寸线内。

•• ▤ 【成角度的文本】 尺寸字符与尺寸线成任意角度放置，可在角度文本框中输入角度值。

•【精度和公差】

•• 【基本尺寸精度】 单击下三角按钮选择相应数字，确定基本尺寸保留几位小数。

•• 【尺寸公差类型】 单击下三角按钮选择相应公差类型。

•【偏置值】

•• 【链偏置】 链偏置主要用于链标注尺寸时，国标默认偏置值为零。

•• 【基线偏置】 两尺寸线间的偏置值，可根据两尺寸线需要的间隔输入偏置值。

•【倒斜角】

•• 【文本式样】 确定倒角文本的式样，其类型如图6-19（a）所示。

•• 【文本与导引线位置关系】 确定文本与导引线的相对位置，其类型如图6-19（b）所示。

•• 【导引线与倒角位置关系】 确定导引线与倒角成水平或垂直的关系，其类型如图6-19（c）所示。

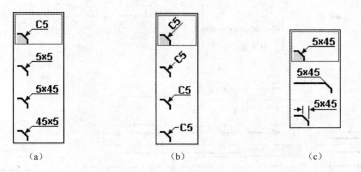

图6-19 倒角参数设置

•【窄尺寸】 对于尺寸线较短的情况，尺寸字符放不下，可以指定字符的放置方法，其放置形式有5种：无、没有指引线、带有指引线、横线上的文本、横线后的文本。尺寸字符的放置位置可设置为水平或平行于尺寸线。

•【尺寸端部式样】 尺寸线的端部式样，有如下8种形式：填充的圆点、横向、无、圆点、开放的箭头、封闭的箭头、填充的箭头、圆点符号。

6.2.7 直线/箭头首选项

尺寸标注线是由左、右箭头，尺寸线，指引线构成的。单击图6-17所示【注释首选项（尺寸）】对话框中的【尺寸线/箭头】按钮，出现如图6-20所示的【注释首选项】（直线/箭头）对话框。相关选项含义如下：

- ●【箭头类型】 左←、右→箭头可分别控制样式，国标常用实心箭头。
- ●【指引线输出位置】 共有3种类型：指引线出自顶部、指引线出自中间、指引线出自底部。
- ●【定义箭头、尺寸线、指引线的大小】 按照图示输入GB的定义数据A、B、C、D、E、F、G、H、I。
- ●【尺寸线颜色、线型、线宽】 如果只是单独控制某个标注的左、右指引线，箭头，尺寸线的颜色，线型，线宽，可选择要设定的各部分 I◀ ◀──── x.xxx ───▶ ▶I 的颜色、线型、线宽，单击【应用】按钮。如果整个制图标注的尺寸线为同样的颜色、线型、线宽，则单击【应用于所有线和箭头类型】。

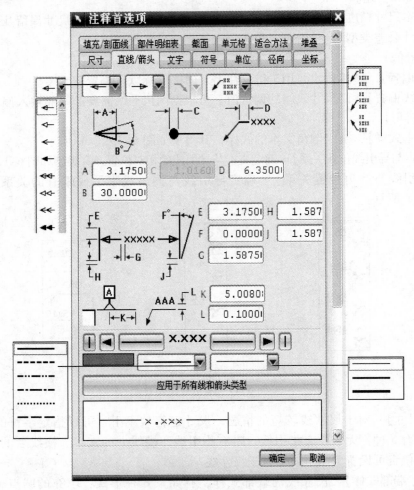

图6-20 【注释首选项】（直线/箭头）对话框

6.2.8 文字首选项

标注、文字首选项可设定文本之间的对齐方式、字体、字符大小、颜色等属性。单击图 6-17 所示的【注释首选项（尺寸）】对话框中的【文字】按钮，出现如图 6-21 所示的【注释首选项】（文字）对话框。相关选项含义如下：

• 【文字类型】

•• 【尺寸】 标注尺寸的属性，如字符的大小，间隙因子控制字符的间距，宽高比控制字体的宽度和高度。

•• 【附加文本】 设定前后缀字符的大小，例如，"4 – R5"中的"4 –"为附加在尺寸前的前缀。

•• 【公差】 设定公差字符的大小。

•• 【常规】 设定常规字符的大小，例如，汉字标注的技术条件等。

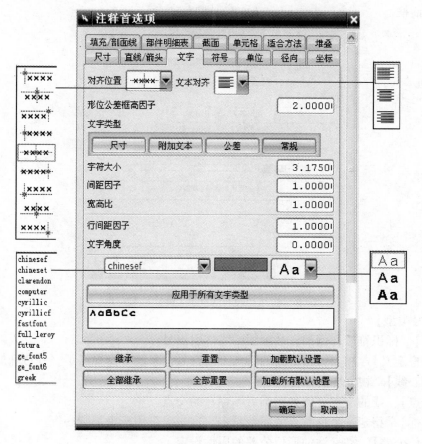

图 6-21 【注释首选项】（文字）对话框

• 【其他属性】

•• 【对齐位置】 指定字符的参考点，当进行定位时，以参考点作为定位的基准点。

•• 【文本对齐】 对于多行字符，指定对齐方式，有左对齐、中对齐、右对齐。

•• 【形位公差框高因子】 指定几何形位公差的框高。

- •【行间距因子】 控制多行的行距。
- •【文字角度】 对于【常规】的字符，可控制字符的角度。
- •【字体】 提供各种字体。如果输入汉字，设定字体为 chinesef。在标注时可按一般的汉字输入法输入汉字。
- •【颜色】 设定文字的颜色。
- •【加粗】 设定文字的粗细。

如果对所有的字符设定同样的颜色、字型等，应选择颜色值和线型，单击【应用于所有文字类型】，单击【确定】按钮。

6.2.9 符号首选项

注释（符号）首选项主要设置各种符号的颜色、线型、线宽参数。单击图 6-17 所示的【注释首选项】（文字）对话框中的【符号】按钮，出现如图 6-22 所示的【注释首选项】（符号）对话框。

图 6-22 【注释首选项】（符号）对话框

- ●【符号类型】
- •【ID】 标识符号，例如，装配图的零件引出号。
- •【用户定义】 用户可自定义的特殊工程符号，系统本身提供了一些特殊的符号。
- •【中心线】 视图中的中心线。
- •【交点】 线的交点，例如倒圆后不存在的交点。
- •【目标】 指定一个任意点的属性设定，这一点可用于虚拟圆心等。
- •【形位公差】 需标注的形位公差的属性设定。

6.2.10 制图单位首选项

与 GB 有关的绘图单位如图 6-23 所示，设置内容包括：
- ●【小数点字符为句点】 小数点用句点表示。
- ●【后置零 – 尺寸和公差】尺寸和公差小数点后有效数字后的尾零不显示。

- 【公差形式】 公差放在尺寸后，如 3.050 ±.005。
- 【标注单位】 默认的单位与造型的单位一致，如果需要用其他单位标注，另再设定。
- 【角度格式】 可根据需要设置十进制或度分秒形式。

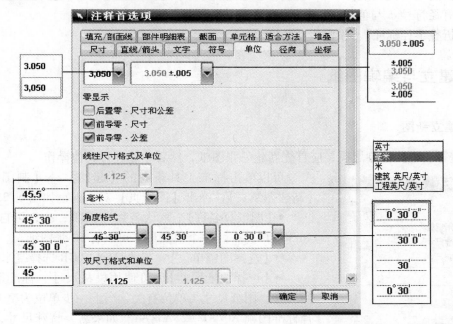

图 6-23 【注释首选项】（单位）对话框

6.2.11 径向首选项

径向设置主要对直径、半径标注符号进行设置，如图 6-24 所示。各选项含义如下：

- 【径向符号放置位置】 GB 中规定径向符号放置在尺寸前，在图 6-24 中选择例 $\phi1.0$ 选项。

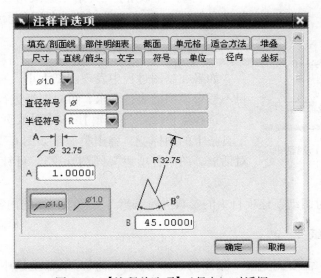

图 6-24 【注释首选项】（径向）对话框

- 【直径符号】 GB 规定以 φ 表示直径。
- 【半径符号】 GB 规定以 R 表示半径。
- 【径向尺寸值放置】 GB 规定径向尺寸值在尺寸线上，应选择 /⌀¹·⁰ 选项。
- 【直径符号 φ 与值的间隔】 设定距离值 A。
- 【折叠半径标注】 设定折叠角度 B。

6.3 建立与编辑图纸

1. 建立新图

在进行工程图绘制之前，应首先新建一张图纸，然后才能进行其他操作。

可以单击标准工具条上的【起始】→【制图】，单击【新建图纸页】，弹出【图纸页】对话框，如图 6-25 所示。

- 【图纸页名称】 默认名称为 SHTl，…，可自行命名，如 SCUT1，…。一个模型最多可以有 50 张图纸。
- 【选择图幅单位】 英寸/毫米，GB 选择毫米。
- 【选择图纸尺寸】 可使用模板尺寸、标准尺寸或定制尺寸。图纸尺寸与单位有关，当上一步单位为毫米时，选择标准图幅 A0/A1/A2/A3/A4。如果需要特殊尺寸，选择定制尺寸然后在高度和长度框内输入具体的尺寸值，例如，图纸横放、竖放的调整可直接输入相应的数值。
- 【选择绘图比例】 绘图比例是图纸尺寸/模型尺寸，是全局比例，每个视图的比例如需分别控制，可在相应的对话框中指定。
- 【选择投影角】 有第三象限角投影和第一象限角投影两种投影方式。GB 选择第一象限角投影。

图 6-25 【图纸页】对话框

2. 编辑一张已有图纸

如果在制图过程中发现图纸大小、制图比例、单位等项目不适合模型的表达要求，可对图纸进行编辑。

选择菜单命令【编辑】→【图纸页】或单击制图编辑工具条上的图标，弹出类似于如图 6-25 所示的编辑图纸对话框。图中各项意义同图 6-25，可针对已有图纸参数进行修改。

编辑图纸只能对图纸新建项目中的参数进行编辑，对图纸视图的内容不起作用。

3. 打开一张图纸

对于多张图纸，需要浏览某一张图纸时，可以在部件导航器上选中相应的图纸，单击鼠标右键弹出快捷菜单，即可打开、编辑选中的图纸页，如图 6-26 所示。

4. 删除一张图纸

当需要删除某张图纸时，同样在部件导航器上选中相应的图纸，单击鼠标右键弹出快捷菜单，单击删除即可删除选中的图纸页，如图 6-26 所示。

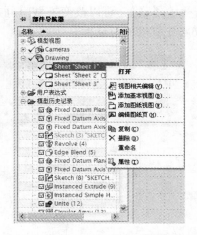

图 6-26 【打开图纸页】对话框

6.4 生成常用视图

当图纸确定以后，可进行视图投影。视图是表示零件信息的载体，图纸空间的视图都是模型空间的复制，而且仅存在于所显示的图纸上。添加视图是生成视图的基本过程，有关视图操作和管理的【图纸布局】工具条如图 6-27 所示。

图 6-27 【图纸布局】工具条

1. 添加基本视图

添加基本视图一般用于生成第一个视图，它来自模型空间当前运行的模型。用户生成视图时，从标准视图列表中选取一个视图作为第一个视图，这个视图应能最清晰地表达设计意图。

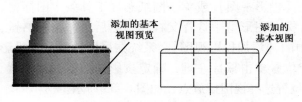

图 6-28 添加基本视图

选择菜单命令【插入】→【视图】→【基本视图】或单击图纸布局工具条中的图标，系统自动以当前建模窗口中的模型来创建基本视图，如图 6-28 所示，用户选择适当的位置将其作为主视图。

系统在创建基本视图的同时弹出如图 6-29 所示的编辑工具条。单击鼠标右键，出现下拉菜单，其选项类似编辑工具条中的选项，各选项含义如下：

- 【设置】 单击该图标出现视图式样对话框，其中参数的设置与制图首选项中的视图首选项基本一样，但只对该投影视图有效。
- 【视图类型】 确定模型的投影视图类型。
- 【比例】 该视图图纸与模型的比例。

●【预览】 可以改变模型空间放置的位置，确定视图的投影方向，单击该图标弹出如图 6-30 所示的对话框。

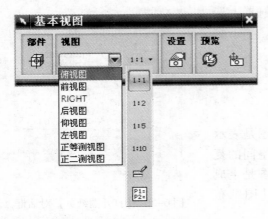

图 6-29 添加视图编辑工具条

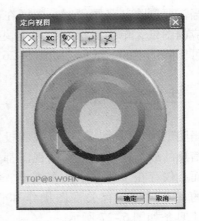

图 6-30 【定向视图】对话框

●【移动视图】 可以对图纸中的一个和多个视图进行移动。

2. 添加图纸视图

添加一个空视图到图纸页，可以在空视图中创建草图和与视图相关的对象。

选择菜单命令【插入】→【视图】→【图纸视图】或单击图纸布局工具条中的图标🗊，弹出【图纸…】工具条，如图 6-31 所示，在图纸页中选择一个位置就在纸页中加入一个空视图。

图 6-31 【图纸…】对话框

3. 添加投影视图

投影视图是根据第一个视图的位置在图形区内投影任意角度的视图，既能投影三视图，又可投影沿任意角度的向视图，兼有 UGNX3.0 以前版本的正交视图和向视图功能。

选择菜单命令【插入】→【视图】→【投影视图】或单击图纸布局工具条中图标🖉，这时系统默认第一个视图为父视图，或直接在图形窗中选择父视图，然后单击鼠标右键，出现如图 6-32 所示下拉菜单，选择菜单中的【添加投影视图】，系统在鼠标位置显示投影图，用户可根据模型特征的需要，在相应位置单击鼠标左键，确定投影视图的摆放位置。若是投影三视图，则在父视图垂直或水平位置选择视图摆放点，如图 6-33 所示。

在投影视图操作过程中出现的编辑工具条如图 6-34 所示，图中各选项含义如下：

●【父】

●● 🖅【基本视图】 用于在图形窗中选择父视图。

●【铰链线】

●● 📐【自动判断铰链线】 自动用于推理出铰链线。

●● ⟋【定义铰链线】 确定创建的投影视图垂直参照直线。单击【定义铰链线】按钮，出现 12 种捕捉方法来确定折页线的矢量。

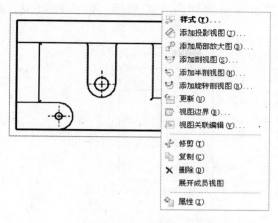

图 6-32 投影视图

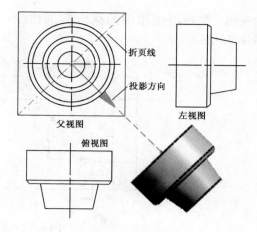

图 6-33 投影视图

- • ✗【反向】 改变剖视图的投影方向。
- •【设置】
- • 🏠【样式】 用于调出【视图样式】对话框。
- •【预览】
- • 🖼【移动】用于移动视图。

图 6-34 投影视图编辑工具条

4. 局部放大图

将图中某一部分放大，清楚表达模型局部详细特征，可以采用局部放大图，放大的边界可以为圆形，也可以为矩形。

选择菜单命令【插入】→【视图】→【局部放大图】或单击图纸布局工具条中的图标 🔍，或直接在图形窗中选择父视图，然后单击鼠标右键，出现如图 6-32 所示下拉菜单，选择菜单中的【添加局部放大图】，图 6-35 所示为局部放大图示例。

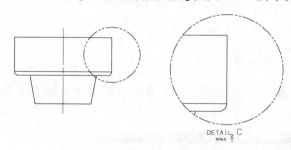

图 6-35 局部放大图

局部放大图操作过程如下：

（1）单击局部放大图图标，选择局部放大图比例。

（2）如果为圆形边界，选择图标，在父视图上指定一个点作为圆心，移动光标画出一个圆边界，直到要放大的内容包含在内，单击鼠标左键，用光标在一个新位置指定局部放大图的位置，得到如图 6-35 所示的局部放大图。

（3）如果采用矩形边界，选择图标 🖼，选择父视图，并移动光标框出一个矩形，直到要放大的内容包含在内，用光标在一个新位置指定局部放大图的位置。

6.5 剖视图

UGNX5 提供了多种剖视图绘制方法，其中包括剖视图、半剖视图、旋转剖视图和其他剖视图。剖视图操作中的概念有剖切线。剖切线由剖切段、折弯段、箭头段组成，如图 6-36 所示。

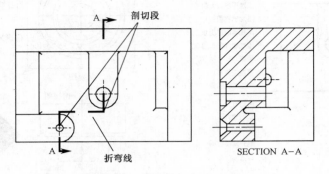

图 6-36　剖切线各段的意义

6.5.1　剖视图/阶梯剖

剖视图/阶梯剖包含一个剖切段和 2 个箭头段，用一个剖切平面或阶梯剖切平面通过零件。

选择菜单命令【插入】→【视图】→【剖视图】或单击图纸布局工具条中的图标，选择父视图，或直接在图形窗中选择父视图，然后单击鼠标右键，出现如图 6-32 所示下拉菜单，选择菜单中的【添加剖视图】，再定义剖切位置，移动光标将剖视图放置在合适的位置，如图 6-37 所示。

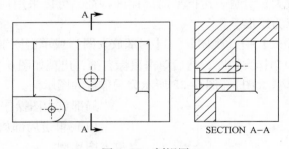

图 6-37　剖视图

在剖视图操作过程中出现的编辑工具条如图 6-38 所示，工具条中各选项含义如下（与图 6-34 相同选项见 6.4.3 节。

图 6-38　剖视图编辑工具条

- 【剖切线】
- · 　【添加段】用于为阶梯剖增加剖切位置，该选项在选择父视图后被激活。
- · 　【删除段】用于删除不必要的剖切位置，该选项在多于一个切割位置时被激活。

- •• ▣ 【移动段】用于调整切割线和折弯线的位置。
- • 【放置视图】
- •• ▦ 【放置视图】用于放置视图。
- • 【方位】
- •• 用不同的方向创建剖面图,有 ▣ 【正交】、▣ 【继承方向】与 ▣ 【剖切现有视图】三个选项。
- • 【设置】
- •• ▣ 【剖切线样式】用于调出【剖切线样式】对话框。
- • 【预览】

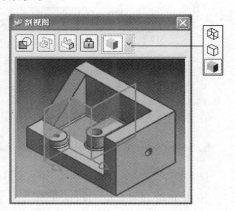

图 6-39 【剖视图】工具对话框

•• ❑ 【剖视图工具】在三维视图中,查看剖切面的位置,其对话框如图 6-39 所示,对话框中各选项含义如下:

- •• ▣ 【剪切】 用于在放置剖视图前,预览切割的剖视图。
- •• ▣ 【显示切割平面】 在三维视图中,显示切割平面。
- •• ▣ 【背景面】 显示模型的背景。
- •• ▣ 【锁定方位】 用于将剖视图的方位锁定到剖视图工具预览窗中的当前方位。
- •• 【显示模式】 有3种模式:【线框】、【隐藏线框】、【着色】。

6.5.2 半剖视图

半剖视图用于对称零件,它由一个剖切段、一个箭头段和一个折弯段组成,最终将剖视图和未剖部分展现在一个平面上。

选择菜单命令【插入】→【视图】→【半剖视图】或单击图纸布局工具条中图标 ▣ ,选择父视图,或直接在图形窗中选择父视图,然后单击鼠标右键,出现如图 6-32 所示下拉菜单,选择菜单中的【添加半剖视图】,再定义切割位置,选择圆心定义折弯位置,移动光标将半剖视图放置在合适的位置,如图 6-40 所示。

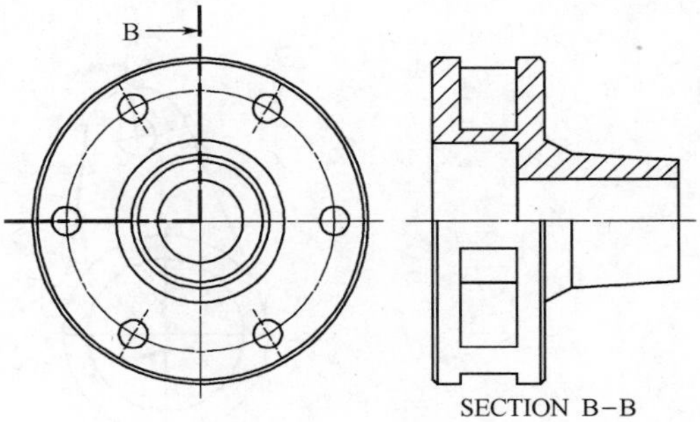

SECTION B-B

图 6-40 半剖视图

6.5.3 旋转剖视图

旋转剖视图包含 2 段,每段由若干个剖切段、折弯段和箭头段组成,它们相交于旋转中心,剖切线都绕同一个旋转中心旋转,所有的剖切面展开在一个公共平面上。

选择菜单命令【插入】→【视图】→【旋转剖视图】或单击图纸布局工具条中图标

，选择父视图，或直接在图形窗中选择父视图，然后单击鼠标右键，出现如图6-32所示下拉菜单，选择菜单中的【添加旋转剖视图】，再选择圆心定义旋转点位置，确定剖切段位置，再确定剖切段另一位置，移动光标将旋转剖视图放置在合适的位置，如图6-41所示。

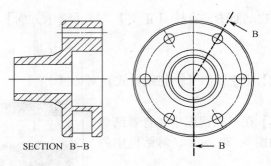

图6-41　旋转剖视图

在创建旋转剖视图操作过程中出现的编辑工具条类似图6-38所示。

6.5.4　折叠剖视图

选择菜单命令【插入】→【视图】→【折叠剖视图】或单击图纸布局工具条中的图标，出现如图6-42左图所示工具条，在图形窗中选择父视图后，出现如图6-42右图所示工具条。

图6-42　折叠剖视图工具条

折叠剖视图剖切段之间由折弯段连接，生成的剖视图只投影剖切段的视图，如图6-43所示。

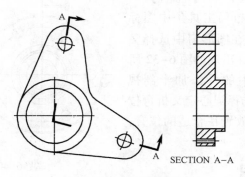

图6-43　折叠剖视图

折叠剖视图的操作步骤、参数意义与展开剖视图类似。不同之处是，折叠剖视图是以剖切段投影生成的剖视图，而展开剖视图是把整条剖切线包括剖切段与折弯段展开投影而生成的剖视图。

6.5.5　展开的点到点剖视图

选择菜单命令【插入】→【视图】→【展开
的点到点剖视图】或单击图纸布局工具条中的图
标⬡，出现类似如图 6-42 左图所示工具条，在
图形窗中选择父视图后，出现如图 6-42 右图所示
工具条。

展开剖视图是用不含折弯段的连续剖切段相
接的剖切方法，最终将它们展开在一个平面上。

展开的点到点剖视图及其编辑工具条，与阶
梯剖视图类似，指定若干点，通过连接这些点，
形成各个剖切段，图 6-44 所示就是由 3 个圆心连
接的剖切段。

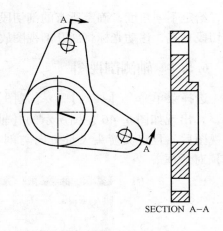

图 6-44　展开的点到点剖视图

6.5.6　展开的点到角度剖视图

选择菜单命令【插入】→【视图】→【展开的点到角度剖视图】或单击图纸布局工具
条中的图标⬡，出现如图 6-45 左图所示的【展开剖视图-线段和角度】对话框，在图形
窗中选择父视图后，出现如图 6-45 右图所示【剖切线创建】对话框。

图 6-45　【展开剖视图-线段和角度】对话框

展开的点和角度剖视图操作步骤如下：

单击图纸布局工具条中⬡，弹出【展开剖视图-线段和角度】对话框，选择要剖切的
父视图，指定折页线，如果箭头反向，单击【矢量反向】按钮，单击【应用】后，对话框
切换到图 6-45 右图所示，指定一个点，给定一个角度，确定一个剖切段。依次指定多个

点，给定不同角度，确定所有的剖切段。角度值是关于 XC 轴测量的，箭头段自动与两端的剖切段垂直，移动光标将展开剖视图放置在合适的位置。

6.5.7 轴测剖视图

选择菜单命令【插入】→【视图】→【轴测剖视图】或单击图纸布局工具条中的图标 ，出现如图 6-46 左图所示的【轴测图中的全剖/阶梯剖】对话框，在图形窗中选择父视图后，且定义箭头矢量方向与剖切方向后，出现如图 6-46 右图所示的【剖切线创建】对话框。

图 6-46 【轴测图中的全剖/阶梯剖】、【剖切线创建】对话框

前面的剖视图都是来自于对二维父视图的剖切。而轴测图上的全剖/阶梯剖，是以轴测图为父视图生成全剖视图或阶梯剖视图，其生成的剖视图与前面介绍的剖视图一样。

图 6-47 所示是轴测图上阶梯剖的例子，在操作过程中要对图形理解清楚，正确指定各部分的方向和位置。

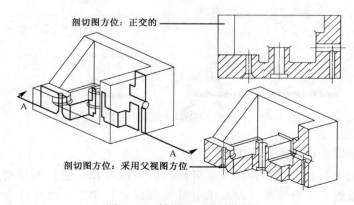

图 6-47 轴测图上的阶梯剖

轴测图中的全剖/阶梯剖操作过程如下：

（1）单击【轴测剖视图】图标，弹出相应的对话框。

（2）选择要剖切的父视图。例如，选择图 6-47 所示的轴测图。系统提示选择箭头矢量方向，即从这个矢量方向去看视图，它与剖面必须是垂直的，其作用类似于折页线。例如，图中指定 +YC 方向为箭头矢量方向（或单击与箭头矢量方向平行的线段，如方向相反，则单击矢量反向按钮），单击【应用】按钮。

（3）选择剖切矢量（切削矢量）方向。剖切面将与这个矢量平行，且视图的放置方向与这个矢量一致。例如，图中指定 -ZC 方向为切削矢量方向（或单击与切削矢量方向平行的线段，如方向相反，则单击【矢量反向】按钮），单击【应用】按钮。

（4）定义切割位置。还可指定箭头位置、折弯位置，单击【确定】按钮。指定剖视图的放置位置。如要移动剖视图，单击【移动】按钮，重新用光标定位。

轴测图中全剖的操作步骤与上面的轴测图中的阶梯剖一样，只是全剖在选择切割位置时只需选择一处。

6.5.8 图示半剖视图（轴测图中的半剖）

轴测图中的半剖与轴测图中的全剖/阶梯剖的操作步骤类似，只是半剖只剖一部分视图，只有一个剖切段、一个折弯段和一个箭头段。

6.6 视图编辑

视图生成后，需要调整视图的位置、删除视图、改变视图的参数等，这些内容归结为视图编辑。

6.6.1 更新视图

● 【更新视图】 是指设计模型修改后，用户可以控制对修改后的视图进行更新。单击图纸布局工具条中图标，弹出如图 6-48 所示的【更新视图】对话框。如果模型有了修改而没有更新，会出现过时信息在屏幕的左下角，此时可根据对话框的选择条件进行更新。

6.6.2 局部剖

1. 轴测图的局部剖

局部剖在不影响三维模型的情况下把轴测图剖开一部分来表达模型内部的情况。

图 6-48 【更新视图】对话框

剖切立体图的原理是给定一个参考点，用曲线生成一个封闭的区域，该区域按照用户指定的拉伸方向拉伸出一个实体，并用这个零件进行布尔操作减去拉伸的实体得到剖切图。

选择菜单命令【插入】→【视图】→【局部剖视图】或单击图纸布局工具条中图标

图 6-49 【局部剖】对话框

标注：
- 选择视图
- 指出基点
- 修改边界曲线
- 选择曲线
- 指出位伸方向

，选择要剖切的视图，弹出如图6-49 所示的【局部剖】对话框。对话框中各选项含义如下：

- 【创建】 用于创建多个相关的局部剖。
- 【编辑】 用于编辑所创建的局部剖。
- 【删除】 用于删除所创建的局部剖。

下面以图 6-50 为例说明轴测图局部剖的操作步骤。

（1）在零件设计好后，进入图纸空间，并加入轴测视图到图纸中。

（2）选择轴测图。选择菜单命令【视图】→【操作】→【扩展】，或单击鼠标右键，在弹出的下拉菜单中单击【扩展】，进入扩展成员视图。

（3）在扩展成员视图中调整 WCS 的方向。选择菜单命令【格式】→【WCS】→【方位】，在弹出的 CSYS 构造器中选择【对象的 CSYS】图标，选择如图 6-50 所示顶圆边缘，单击【确定】按钮。

（4）选择菜单命令【插入】→【曲线】→【矩形】，以原点为矩形的一个顶点，拉出一个矩形，如图 6-50 所示。单击鼠标右键→【扩展】，退出扩展成员视图。

（5）选择菜单命令【插入】→【视图】→【局部剖视图】或单击图纸布局工具条中图标，选择要剖切的视图，弹出如图 6-49 所示的【局部剖】对话框。

（6）如图 6-50 所示，选择原点作为基点，按图 6-49 所示选择圆柱面，使拉伸矢量从上指向底部，如反向，则单击【矢量反向】。

（7）在图 6-50 所示中单击选择曲线图标，选择拉伸曲线，如矩形的四条直线。单击【应用】按钮，得到如图 6-51 所示的轴测图的局部剖视图。

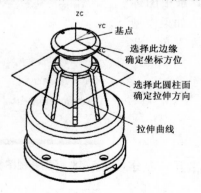

标注：
- ZC
- YC 基点
- 选择此边缘确定坐标方位
- 选择此圆柱面确定拉伸方向
- 拉伸曲线

图 6-50 指定有关选项

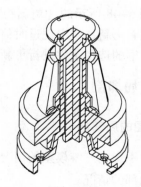

图 6-51 轴测图的局部剖

（8）在窗口中选择前步作出的局部剖视图。单击鼠标右键，选择【样式】，弹出如图 6-52 所示的【视图样式】对话框，选择【剖面】选项卡，打开【装配剖面线】选项，单击【确定】，完成图 6-53 所示装配轴测图的局部剖视图，其各邻接组件的剖面线方向不同。

图 6-52　打开装配剖面线选项

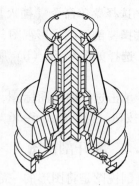

图 6-53　装配轴测图的局部剖视图

（9）选择菜单命令【编辑】→【视图】→【视图中剖切的组件】或单击制图编辑工具条中图标，选择要剖切的视图，弹出如图 6-54 所示的【视图中的剖切组件】对话框，选择已选中视图中不剖切的组件，如中间的轴，单击【确定】，中间的轴恢复到未剖切的状态，如图 6-55 所示。

图 6-54　【剖视图中的剖切组件】对话框

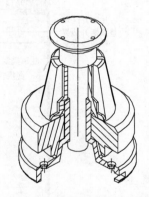

图 6-55　局部剖中的非剖切

2. 投影视图的局部剖

操作步骤如下：

（1）在零件设计好后，进入图纸空间，添加基本视图和投影视图，如图 6-56 所示。

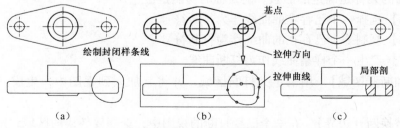

图 6-56　投影图的局部剖

（2）在投影视图上单击鼠标右键，进入扩展成员视图，绘制一根封闭样条曲线作为局部剖的边界，如图 6-56（a）所示。单击鼠标右键→【扩展】，回到视图空间。

（3）选择菜单命令【插入】→【视图】→【局部剖视图】或单击图纸布局工具条中图标，选择要剖切的投影视图，弹出如图6-49所示的【局部剖】对话框。

（4）选择如图6-56（b）所示的圆心作为基点，定义拉伸矢量，如反向则单击【矢量反向】。

（5）单击选择曲线图标，在图6-56（b）中选择拉伸曲线，如一条样条曲线。单击【应用】按钮，得到如图6-56（c）中所示的投影图的局部剖视图。

6.6.3 断开剖视图

断开剖视图是将图形的一部分去掉，以节省绘图空间和使视图美观，将它们表达在一个视图中。

断开剖视图的功能是：将一个图形打断拆开为几个区域，其中一个为主区域，它是原视图的一部分，其他为打断的各小区域，这些小区域与主区域拼合在一起形成新的视图。

选择菜单命令【插入】→【视图】→【断开剖视图】或单击图纸布局工具条中图标，弹出如图6-57所示的【断开视图】对话框。对话框中各选项含义如下：

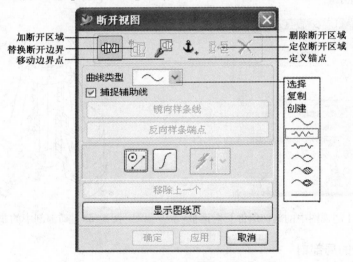

图6-57 【断开视图】对话框

● 【曲线类型】 视图上的打断符号的形状定义，如图6-57所示。其中前3种形状由用户设计，后面的几种是确定的形状。前3种的功能是：

●● 【选择】选择一个已存在的曲线作为打断符号。

●● 【复制】复制一个已存在的曲线作为打断符号。

●● 【创建】产生一个样条曲线作为打断曲线。

● 【加断开区域】 用来定义打断区域，并将其加入到视图中，生成一个打断区域视图。

● 【替换断开边界】 在一个已经打断的视图中，选择要替换的区域，定义一个新区域，则新区域代替旧区域。

● 【移动边界点】 拖动构成区域的边界曲线上的点，改变了区域的形状，如图6-58所示。

- ⚓ 【定义锚点】 总产生一个与模型相关的点，该点把边界区域定位在模型的点上。
- 【定位断开区域】 修改断开区域的位置，使其相对于另一区域进行定位。
- ✕ 【删除断开区域】 选择一个断开区域，选择✕，单击【应用】按钮，单击【显示图纸页】，视图回到未打断状态。

断开剖示例如图 6-59 所示。断开剖操作步骤如下：

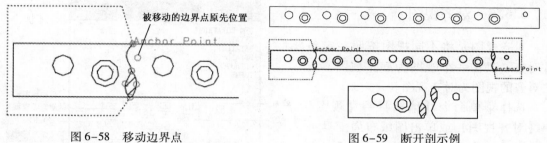

图 6-58　移动边界点　　　　　　　　　　　　图 6-59　断开剖示例

（1）单击图标。
（2）选择要打断的视图，进入成员视图，选择打断符号。
（3）画断面符号：选择点在曲线上图标，定义要打断的起点、终点，产生断面符号。
（4）连续画直线，最后一点与起点重合，画出左端一个封闭区域作为边框，单击【应用】按钮。
（5）同样画出右端封闭区域，单击【应用】按钮。
（6）在对话框底部选择【显示图纸页】，完成断开剖。

6.6.4　移动/复制视图

移动/复制视图用来调整视图的位置，移动/复制视图有多种形式。

选择菜单命令【编辑】→【视图】→【移动/复制视图】或单击图纸布局工具条中图标，弹出如图 6-60 所示的【移动/复制视图】对话框。对话框中各选项含义如下：

- 【至一点】 移动到制图区内任一点，单击鼠标左键确定位置。
- 【水平的】 保证视图沿水平方向移动。
- 【竖直的】 保证视图沿垂直方向移动。
- 【垂直于直线】 视图沿着与折页线垂直的方向移动。
- 【至另一图纸】 将视图移动到另一图纸上。
- 【复制视图】 复制被移动的视图，可在视图名处输入复制视图名称。
- 【距离】 确定移动的距离。

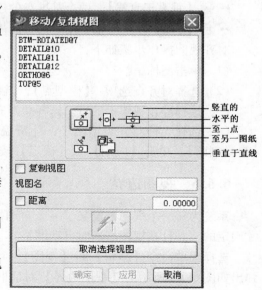

图 6-60　【移动/复制视图】对话框

移动/复制视图操作步骤如下：

（1）单击图标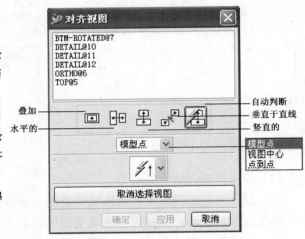。

（2）如果复制视图，则指定【复制视图】为√。选择要移动复制的视图，选择5种移动方法中的一种。

（3）指定视图位置。如果要精确定位视图，指定【距离】为√，输入距离值。

6.6.5 对齐视图

对齐视图是将不同视图按照一定条件对齐，其中一个视图为静止视图，与之对齐的视图为对齐视图。

选择菜单命令【编辑】→【视图】→【对齐视图】或单击图纸布局工具条中图标，弹出如图6-61所示的【对齐视图】对话框。

图6-61 【对齐视图】对话框

● 【对齐点选项】 选择对齐点有3种方法。

●● 【模型点】 选择模型上的点。

●● 【视图中心】 各视图的中心点。

●● 【点到点】 以指定点为对齐对应点。

● 【对齐类型】

●● 【覆盖】 对应点重合，视图重叠在一起。

●● 【水平的】 基准点水平对齐。

●● 【竖直的】 基准点垂直对齐。

●● 【垂直于直线】 两个基准点的连线与一条直线垂直。

●● 【自动判断】 根据用户选择的静止视图的方位，系统自动推断可能的对齐形式。

对齐视图操作步骤如下：

（1）单击图标。

（2）选择对齐点选项：【模型点】，【视图中心】，【点到点】。

（3）选择静止视图上的点。选择要对齐的视图，注意光标要落在对应点上。

（4）选择5种对齐类型之一：【覆盖】/【水平的】/【竖直的】/【垂直于直线】/【自动判断】。单击【应用】或【确定】按钮。

6.6.6 视图边界

系统为每一个视图都定义了一个自动矩形的视图边界，它的大小是根据模型的最大尺寸确定的，并且在视图刷新时自动调整。

选择菜单命令【编辑】→【视图】→【视图边界】或单击图纸布局工具条中图标，弹出如图6-62所示的【视图边界】对话框。对话框中各选项含义如下：

图 6-62 【视图边界】对话框

- 【创建边界类型】
- 【截断线/局部】 用户自定义边界代替原有边界（在扩展成员视图内绘制新边界）。
- 【手工生成矩形】 用户自定义矩形大小确定视图边界。
- 【自动定义矩形】 系统原来默认的视图边界。
- 【由对象定义边界】 设计模型改变后，视图边界内的图形仍然包括所选择的几何对象。
- 【创建点类型】
- 【锚点】 产生一个与模型相关的点，该点把边界区域定位在模型的点上，控制要显示的内容在边界内。
- 【边界点】 将断面线/局部放大图的边界与模型特征相关，当模型修改后，视图边界相对模型改变，保证尺寸和位置修改后的模型几何仍在视图边界内。
- 【包含的点】 在由对象定义边界视图的情况下，哪些点需要包含，直接选择即可。
- 【包含的对象】在由对象定义边界视图的情况下，哪些对象需要包含，直接选择即可。
- 【重置】 取消当前所选择的内容，重新回到【视图边界】对话框，选择要编辑的参数。

6.6.7 显示图纸页

显示图纸页是切换模型空间与制图空间的按钮。

选择菜单命令【视图】→【显示图纸页】回到模型空间，再次选择菜单命令【视图】→【显示图纸页】，回到制图空间，两者可以互相切换。切换的模型空间只能用于观看视图，不能进行建模。

6.7 尺寸标注

尺寸标注对象与视图相关，与设计模型也相关，模型修改后，尺寸数据自动更新。尺寸标注与尺寸修改大部分是在相同对话框下操作。

6.7.1 尺寸标注的常用功能

尺寸标注可以选择菜单命令【插入】→【尺寸】，也可先选择菜单命令【工具】→【定制】→【尺寸】，调出【尺寸】工具条，如图 6-63 所示，然后单击所需的图标。工具条中各图标含义如下：

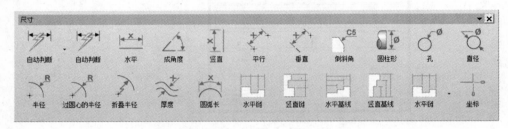

图 6-63 【尺寸】工具条

- 尺寸标注工具条及尺寸标注类型
- •【自动判断】 系统根据用户选择线、点自动判断适合的标注尺寸。
- •【水平】 标注水平尺寸，可选择一条直线或两个点。
- •【竖直】 标注竖直尺寸，选择两点或一条直线。
- •【平行】 标注两点间最小距离，选择两点或直线。
- •【垂直】 标注一点到直线的最小距离，选择一点和一条直线。
- •【倒斜角】 标注倒角尺寸。
- •【成角度】 标注两直线夹角的角度。
- •【圆柱形】 标注圆柱形直径，在尺寸前添加直径符号 φ，选择两点标注。
- •【孔】 标注孔直径，选择圆。
- •【直径】 标注圆或圆弧的直径，选择圆或圆弧。
- •【半径】 标注半径不指向圆心，可选择圆或圆弧，GB 不采用。
- •【过圆心的半径】 标注的半径指向圆心，选择圆。
- •【带折线的半径】 标注一个虚拟圆心的半径，主要用于大半径的圆。
- •【厚度】 标注两个同心圆半径差，GB 不采用。
- •【圆弧长】 标注圆弧的周长，选择圆弧。
- •【竖直链】 标注一组垂直尺寸，需要选择 3 个点以上。
- •【水平基线】 标注一组水平尺寸，每个尺寸都选择第一点的基线，连续选择要标注的尺寸引出点。
- •【竖直基线】 标注一组竖直尺寸，每个尺寸都选择第一点的基线，连续选择要标注的尺寸引出点。

••【水平链】 标注一组水平尺寸，各尺寸共享其相邻的尺寸端点，选择多个点。

••【坐标】 标注点相对于原点的（X，Y）坐标值。

标注悬浮工具条及下拉菜单 选择标注类型后，在制图区域左上角出现悬浮工具条及选择工具条而弹出的下拉菜单，如图6-64所示。

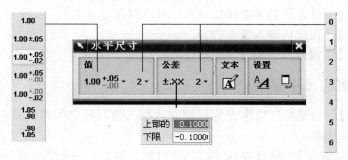

图6-64 标注悬浮工具条

•【值】 确定基本尺寸精度及公差形式，即基本尺寸保留几位小数，采用何种方式标注公差。如果需要标注的尺寸为整数，系统默认消除后续零。

•【公差】 单击公差值选项编辑尺寸公差。

•【文本】

•• Ａ'【注释编辑器】 根据不同的表达需要可在尺寸上下、左右添加标记和文本。在标注工具条中单击【注释编辑器】按钮，弹出如图6-65所示的【注释编辑器】对话框。

图6-65 【注释编辑器】对话框

● 【设置】

‥ 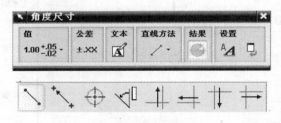【尺寸样式】 设置标注的各项参数，包括尺寸、直线、箭头、文字、单位的设置。

【注释编辑器】 对话框中各区域含义如下：

【文本编辑区】 主要用于文本的编辑，包括文本剪切、复制、保存等。

【附加文本区】 设置附加文本添加位置，可以放在尺寸值的上、下、左、右4个方向。

【文本输入区】 在此栏输入文本内容。

【符号添加区】 根据表达需要选择相应的符号。

6.7.2 距离的尺寸标注

● 【自动标注】 自动标注根据光标位置和选择几何对象之间的关系进行标注，系统自动判别用户的标注意图。

● 【水平与竖直标注】 选择要标注的几何对象。例如，一条线或者两个点即可。

● 【平行与垂直标注】 平行标注两个点的距离值，垂直标注一个点和一条线的距离值。

● 【链式标注】 链式标注分水平链式和竖直链式。标注时连续选择标注点。链式标注尺寸间可设置偏置值，在制图空间【首选项】→【注释】→【尺寸】中进行设置。

● 【基准线标注】 基准线标注类似链式标注，也分为水平基准线标注和竖直基准线标注，但所有的尺寸线都是相对于一条基准线测量的。基准线标注尺寸间可设置偏置值，在制图空间【首选项】→【注释】→【尺寸】中进行设置。

6.7.3 角度标注

角度标注应当注意光标的位置选取顺序，标注值是按逆时针方向计算的，根据光标的位置可标注小角和大角。在角度标注操作过程中出现的悬浮工具条如图6-66所示。其中最下面一条为选择标注角度线的直线方法。

图6-66 角度标注悬浮工具条

● 【结果】 切换备选角度，备选角度与原来的角度之和为360°。

6.7.4 直径半径标注

● 【直径标注】 直径标注，选择圆，指定尺寸放置位置即可。

● 【半径标注】 半径分为半径和通过圆心的半径，前者不符合国标，后者的尺寸线通过圆心。选择圆（弧），指定尺寸放置位置即可。

● 【带折线的半径】 对于大半径圆弧的标注，不通过实际的圆心，它以一个标识的圆心符号（偏置圆心点或目标点）作为虚拟圆心。操作时选择要标注的圆弧，指定偏置中心点，指定折叠点，在圆弧范围内确定尺寸摆放位置即可。

偏置中心点的创建：选择菜单命令【插入】→【符号】→【实用符号】来创建。

6.8 尺寸标注的修改

尺寸标注的修改一般是指标注形式的修改，而不是修改尺寸值。大多数修改在编辑或首选项中的标注对话框中进行。修改的方法是选中要修改的尺寸对象，选择要修改的内容，输入新的参数，所有的修改方法都类似于尺寸标注方法。

6.8.1 编辑原点

编辑原点主要是修改尺寸线、尺寸值、公差值的位置。编辑原点包括原点、制图对象关联性、抑制制图对象和指引线。

1. 原点

原点主要用于编辑尺寸线和尺寸值的位置。

选择菜单命令【编辑】→【注释】→【原点】或单击图标 ，弹出【原点工具】对话框，如图6-67所示。

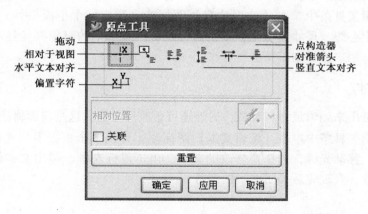

图6-67 【原点工具】对话框

编辑原点操作步骤如下。

（1）选择编辑内容。
- 【拖动】 用光标定义尺寸的新位置。
- 【相对于视图】 标注的对象和视图相关。
- 【水平文本对准】和【竖直文本对准】 多行多列的尺寸对准形式。
- 【对准箭头】 原来没有对齐的尺寸线可以选择对准。

（2）选择要移动的尺寸线或制图对象，按住鼠标左键拖动尺寸线到一个新位置。

2. 修改制图对象关联性

修改制图对象关联性主要编辑尺寸边、中心线、中心点的位置。
- 选择菜单命令【编辑】→【注释】→【注释对象关联性】或单击制图编辑工具条上

的图标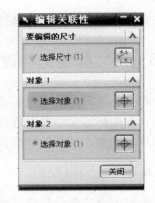，弹出【编辑关联性】对话框，如图 6-68
所示。

3. 抑制制图对象

抑制制图对象主要用来控制视图的显示与隐藏，将一个表达式的值与对象相关。操作步骤主要有两步：定义表达式和抑制表达式。

4. 指引线

指引线用来编辑视图中已有的指引线，可添加、移除、编辑视图中的指引线。

图 6-68 【编辑关联性】对话框

6.8.2 其他修改

1. 编辑注释

编辑注释可以用来编辑图中的中心线、尺寸、文本的参数值。

在制图编辑工具条中单击【编辑注释】图标，弹出一个小扳手状光标，移动光标，选择要修改的中心线、尺寸或文本，单击鼠标左键，被选中的对象高亮显示，同时弹出标注悬浮工具条，用户可根据需要进行修改。

2. 编辑文本

编辑文本可用来编辑尺寸各参数，另外还可更改尺寸值，这是与编辑注释的区别。

在制图编辑工具条中单击【编辑文本】图标，弹出一个小扳手状光标，同时弹出文本悬浮工具条，移动光标，选择要修改的文本，单击鼠标左键，弹出文本修改框，在框内对文本进行修改，修改完后关闭文本框即可。

6.9 边框与标题栏

图纸（标题栏与图纸的边框）可以做成模板，作为资源使用，放在右侧资源条中。

除此之外，用户可以直接定义边框和标题栏，使用时只要调入内存即可。它们的创建、储存方式有两种：仅图样数据和一般文件方法。

6.9.1 仅图样数据

1. 建立模式文件

以 A4 竖放图纸为例（只需首次建立）：

（1）建立一个文件名为 A3 - pattern 的新文件。单击标准工具条上的【起始】→【制图】或单击应用程序工具条上的图标，进入制图应用。

（2）选择菜单命令【插入】→【图纸页】或单击图纸布局工具条上的图标，设定单位毫米，选择 A3 输入高度 "297"，长度 "420"。

（3）绘制边框和标题栏。选择菜单命令【插入】→【曲线】，用直线给出边框和标题。

（4）输入汉字设置：选择【首选项】→【注释】→【文字】→【一般】，字体选择 chinesef，颜色为白色，指定字符高度，单击【确定】按钮。输入标题栏内汉字：选择【插入】→【注释】，输入汉字。

（5）存储文件设置：选择【文件】→【选项】→【保存选项】→【仅图样数据】，单击【确定】按钮。存储文件：选择【文件】→【保存】，存储标题栏以备后用。

2. 使用标题栏

（1）选择【格式】→【图样】→【调用图样】，输入各种参数如比例等，单击【确定】按钮。

（2）选择已存储的标题栏文件名，例如 A4_I，单击【确定】按钮。

（3）输入图样名：A3 – pattern，单击【确定】按钮。指定标题栏的位置，单击【取消】按钮，关闭对话框。

3. 调整标题栏位置

（1）选择【编辑】→【变换】。

（2）选择过滤方法：【类型】→【图样】，单击【选择所有的】，单击【确定】按钮。

（3）单击【平移】，给定平移参数，单击【移动】，单击【确定】按钮。

6.9.2 一般文件方法

一般文件方法创建、存储边框与标题栏的特点是占用内存空间较大，它是以一般的部件文件存储与使用的。

1. 建立标题栏文件

建立标题栏文件与上面建立模式文件基本相同，但不需要【设置存储格式】这一步。

2. 使用标题栏

选择【文件】→【导入】→【部件】，输入文件名 A4_I。指定标题栏放置位置，单击【确定】按钮。

6.10 其他制图对象

其他制图对象包括绘制中心线、标识符号、表面粗糙度符号、用户自定义符号、形位公差标注、文本编辑、绘制表格数据、定制符号。

6.10.1 绘制中心线

由模型转为工程图时，系统只标注对称位置的中心线，其他的中心线需要用户自己添加。

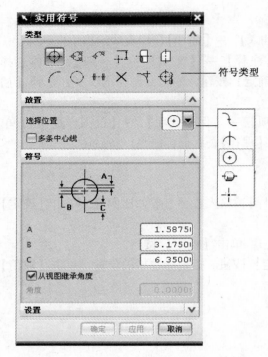

图 6-69 【实用符号】对话框

选择【插入】→【符号】→【实用符号】或在制图注释工具条中单击【实用符号】图标 🖺，弹出【实用符号】对话框，如图 6-69 所示。

对话框中各选项含义如下：

- ⊕【线性中心线】 可绘制直线、圆、两条直线间的中心线。系统会自动捕捉所选择图素的中点、端点、圆心。在绘制两条直线的中心线时，应在直线中心附近单击。

- ⊄【完整螺栓圆】 适用于沿圆周方向阵列的圆，依次选择要标注的小圆，中心线过点或弧的圆心，如图 6-70（a）所示。

- ⊄【不完整螺栓圆】 适合圆周阵列分布的孔，绘制部分圆中心线。中心线过点或弧的圆心，标注按照选择小圆的顺序，以逆时针方向形成弧形中心线，并且至少选择 3 点，如图 6-70（b）所示。

- ┼【偏置中心点】 偏置中心点，适合标注半径很大的圆，设定一个虚拟的圆心标注尺寸。偏置的距离有不同的基准：

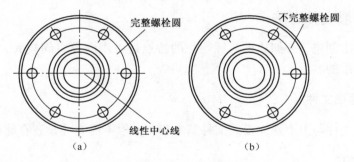

图 6-70 螺纹中心线

从圆弧算起的水平距离、从中心算起的水平距离、从点算起的水平距离。

从圆弧算起的竖直距离、从中心算起的竖直距离、从点算起的竖直距离。

- ┬【圆柱中心线】 适合圆柱类中心线的标注，创建圆柱中心线。选择要标注的圆柱，并指定中心线两端的位置。

- ⊡【长方体中心线】 适用于长方体创建两条垂直中心线。

- ⌒【不完整的圆形中心线】 意义与不完整的螺栓圆基本相同，只是中心线只有一段圆弧，没有垂直段。

- ○【完整的圆形中心线】 意义与完整的螺栓圆相同，只是中心线是一个圆。

- ⊢⊣【对称中心线】 选择对称两点，在两点处添加对称符号。

- ✕【目标点】 生成一个点，并加以标记，可用在折叠半径标注的虚拟圆心上。

- ⌐ 【交点】 倒圆角之前的交点，方便倒角、圆弧等弧形处标注尺寸。
- ✠ 【自动中心线】 选择要添加中心线的视图，系统自动在对称图形处添加中心线。

6.10.2 ID 符号

ID 符号主要用于装配图中标记零件的序号。

在制图注释工具条中单击【ID 符号】图标 ✐，弹出如图 6-71 所示的【ID 符号】对话框。对话框中各选项含义如下：

- 【符号】 根据需要选择不同的标识符号。
- 【设置】 设置符号及文本的大小。文本为输入标识符号内的字符，如序号 1，2，…。如果标识符号分为上下 2 层，则可分别输入上部文本和下部文本。
- 【放置】 放置 ID 符号，在某一位置单击鼠标左键可在该位置定位 ID 符号，按住鼠标左键拖动可引出指引线，再单击拖动可引出多个指引线指向不同的对象。

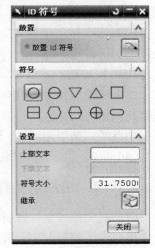

图 6-71 【ID 符号】对话框

6.10.3 表面粗糙度符号

UG 软件具有符合 GB 的表面粗糙度标注功能，但表面粗糙度符号并不是 UG 软件默认的参数，应当在启动 UG 之前在参数设定中添加。

修改 UG 参数语句，可以调出表面粗糙度标注功能：

- 关闭 UG 软件，在 UG 安装目录下找到文件 UG\NX5.0\UGII\ugii_env.dat。
- 用写字板或记事本打开文件。
- 把原来语句 UGII_SURFACE_FINISH = OFF 中的 OFF 改为 ON。
- 单击 ⊟ 按钮，保存文件。
- 重新启动 UG，进入制图空间，选择菜单命令【插入】→【符号】→【表面粗糙度符号】，即可打开【表面粗糙度符号】对话框，如图 6-72 所示。

1. 粗糙度类型和字符定义

有 9 种粗糙度符号，其中符号 ✓ 是 GB 中常用的。选择类型后，输入粗糙度值，一般仅标注 a_2。另外可设定粗糙度是否带圆括号、粗糙度的标注单位、粗糙度符号的大小。

2. 操作过程

（1）选择菜单命令【插入】→【符号】→

图 6-72 【表面粗糙度符号】对话框

【表面粗糙度符号】。

（2）选择类型。例如单击 $\sqrt{}$。输入粗糙度值，例如 a_2，位置输入 3.2。定义字符大小，例如 2.5。

（3）选择标注类型。如果粗糙度符号与几何相关，选择相关标注，选择相应的几何对象。例如选择 $\sqrt{}$，选择尺寸延伸线或尺寸线，用光标来决定粗糙度定位在线的哪一侧，单击【应用】按钮。

如果粗糙度符号与几何不相关，指定标注方向：【水平】 $\sqrt{}$ 或【竖直】 $\searrow$。选择放置类型：【在点上创建】 $\sqrt{}$ 或【创建有指引线的】 $\swarrow$，指定指引线类型，选择几何对象，例如一个点或一条引出线。

（4）单击【应用】按钮。

6.10.4 用户定义符号

用户定义符号是特殊符号库，用户可根据需要选用符号库中相应的符号。图 6-73 所示为【用户定义符号】对话框。

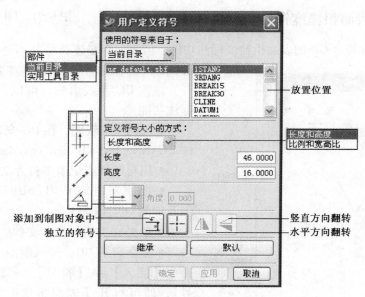

图 6-73 【用户定义符号】对话框

操作步骤如下：

（1）选择菜单命令【插入】→【符号】→【使用定义的符号】或单击制图注释工具条中的图标 。

（2）选择符号库所在的子目录。

（3）从右边符号列表框中选择符号名。

（4）定义符号的放置方向，可以以任意角度标注符号。有 5 种方法：【水平的】 、【垂直的】 、【平行于直线】 、【通过一个点】 、【输入角度】 。

（5）输入符号尺寸大小。单击独立的符号 ，指定符号放置位置。

6.10.5　形位公差标注

形位公差包括指引线、形位公差符号、公差尺寸、基准、公差图框。用户要生成一个形位公差符号，只需选择符号的框架，然后填充框架内的符号和字符，指出引出点和原点即可。

选择菜单命令【插入】→【特征控制框】或在制图注释工具条中单击【特征控制框】图标，弹出【特征控制框】对话框如图6-74所示。单击可弹出【文本编辑器】对话框，如图6-75所示。单击可弹出【注释样式】对话框，如图6-76所示。

图6-74　【特征控制框】对话框

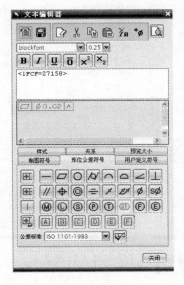

图6-75　文本编辑器

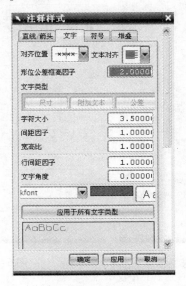

图6-76　注释样式

以图6-77为例，说明标注过程。

（1）单击【特征控制框】图标。

（2）选择单层框架，单击图标 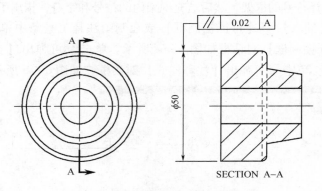，可选择多层框架。在【特征】一栏中选择符号 //，在【公差】一栏中输入 0.02，在【基准】一栏中选择 A。

（3）在图形区单击，选择标注放置位置，完成形位公差创建。

图 6-77　形位公差示例

6.10.6　输入注释文本

注释编辑器的操作步骤与形位公差标注的过程基本相同。选择菜单命令【插入】→【文本】或在制图注释工具条中单击【注释编辑器】图标 ，弹出文本输入框，如图 6-78 所示。在文本输入框内输入文本。

图 6-78　文本输入框

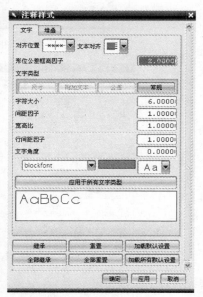

图 6-79　【文本编辑器】、【注释样式】对话框

放置文本，在某一位置单击鼠标左键可在该位置定位文本，按住鼠标左键拖动可引出指引线，再单击拖动可引出多个指引线指向不同的对象。

在输入过程中，可以单击图 6-78 中的 ，切换到文本编辑器对话框进行编辑输入。可

以单击图 6-78 中的 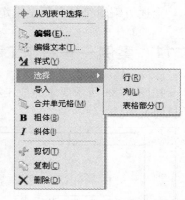，弹出【注释样式】对话框，对文字注释进行预设置，如图 6-79 所示。需要变换字形时，可用于中文输入的字体有以下几种：chinesef、chineset、ideas-kanji。

6.10.7　绘制表格数据

在制图空间建立表格并显示在图纸上，特别适合相似零件的尺寸标注和视图，只需建立一份图纸，以字母标注和表格的形式表示零件。

选择菜单命令【插入】→【表格注释】或单击表格与零件工具条上的图标，弹出空白表格，如图 6-80 所示。在屏幕上指定表格放置位置。

图 6-80　注释表格

用光标选择每个格，或用上、下、左、右箭头键在格间选择，输入数据。也可用鼠标左键单击表格，然后单击鼠标右键，调出快捷菜单，如图 6-81 所示，对表格数据进行编辑。

6.10.8　定制符号

定制符号是方便用户在制图标号时插入特殊符号。定制符号提供了从符号库中直接生成符号实例的工具，而且符号的修改也很方便。图 6-82（a）所示是【定制符号】对话框。

图 6-81　表格快捷菜单

1. 生成符号

● 选择菜单命令【插入】→【符号】→【定制符号】或单击制图注释工具条中的图标，弹出如图 6-82（a）所示的对话框，选择要生成的符号，弹出如图 6-82（b）所示的对话框。

● 一般使用默认首选项的设置。

● 输入比例值和角度大小，如果比例值来自一个表达式，单击对话框中的图标。

2. 编辑符号

● 选择菜单命令【插入】→【符号】→【定制符号】或单击制图注释工具条中的图标，弹出如图 6-82（a）所示的对话框，在图形工作区域选择要编辑的符号，弹出如图 6-82（b）所示的对话框。

● 输入新的比例值和角度大小，也可以用光标直接拖动手柄对符号进行平移、缩放比例或旋转角度（拖动四顶角点调整比例，中间点调整角度）。

● 对符号进行【水平翻转】、【垂直翻转】、【编辑符号显示】（包括符号的放置层、颜色、线型、线宽等）。

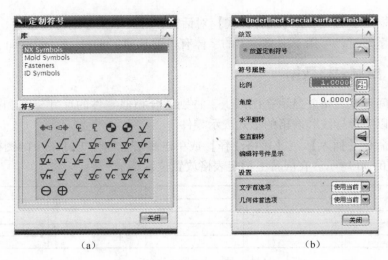

（a）　　　　　　　　　　　　　　　（b）

图 6-82　【定制符号】对话框

上述可编辑符号必须是由定制符号生成的符号，用其他方法生成的符号不能修改。

6.11　案例——制作工程图

按图 6-83 所示要求完成工程图（包括中心线、阶梯剖、正交图、尺寸、技术要求以及边框等）。

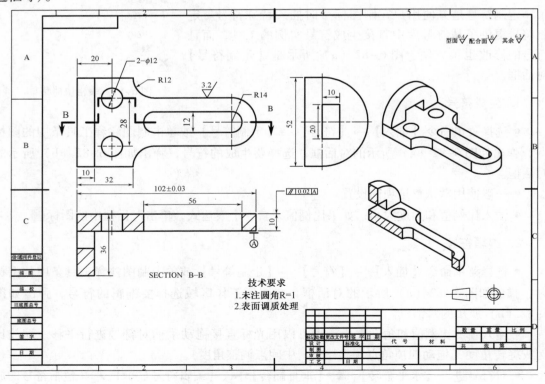

图 6-83　要完成的工程图

操作步骤如下：

（1）打开文件 drf_1.prt，并以别的名字另存，例如 xxx_drf_1.prt。

（2）进入制图环境，视窗中有一幅已完成的如图 6-83 所示的名为 SH2 的工程图。用户按图 6-83 所示自己完成一幅工程图。

（3）选择菜单命令【插入】→【图纸页】或单击图标 🖺，弹出如图 6-84 所示的【图纸页】对话框，图纸页名称采用 My drafting，图纸图幅尺寸为 A3，比例为 1：1，单位为毫米，采用第一象限角投影，单击【确定】，生成名为 My drafting 的新工程图。

（4）选择菜单命令【插入】→【视图】→【基本视图】或单击图纸布局工具条中的图标 🖺，系统自动以当前建模窗口中的模型来创建基本视图，用户选择适当的位置将其作为主视图，如图 6-85 所示。

（5）将光标向右边移动，系统在鼠标位置显示投影图，在相应位置单击鼠标左键，确定投影视图的摆放位置，生成右投影视图，如图 6-86 所示。

图 6-84 【图纸页】对话框

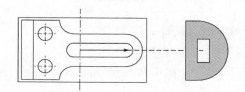

图 6-85 插入基本视图－主视图

图 6-86 生成右投影视图

（6）单击鼠标中键，结束添加投影视图操作。

（7）添加阶梯剖视图。选择菜单命令【插入】→【视图】→【剖视图】或单击图纸布局工具条中的图标 🖾，选择基本视图作为父视图，并让剖视图的投影方向向下（-YC 方向），按图 6-87 所示定义剖切位置（用添加段选项增加剖切段）。

（8）单击鼠标右键，弹出下拉菜单，选择移动段选项移动折弯段，如图 6-88 所示。

（9）移动光标确定剖视图放置在合适的位置，单击鼠标左键，生成阶梯剖视图，如图 6-89 所示。

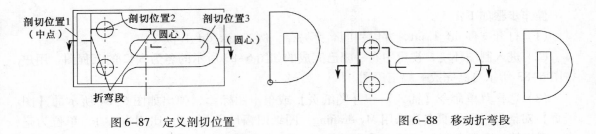

图 6-87 定义剖切位置 图 6-88 移动折弯段

（10）选中阶梯剖视图，单击鼠标右键，弹出下拉菜单，选择【样式】选项，弹出样式对话框，选择光顺边复选框，关闭光顺边选项，单击【确定】，关闭阶梯剖视图光顺边显示，如图 6-90 所示。

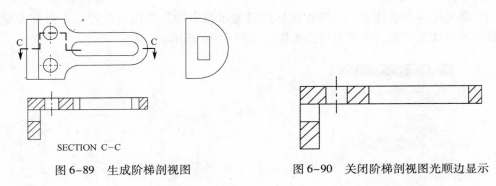

图 6-89 生成阶梯剖视图 图 6-90 关闭阶梯剖视图光顺边显示

（11）在图纸右边增加一个正等测视图的基本视图，如图 6-91 所示。

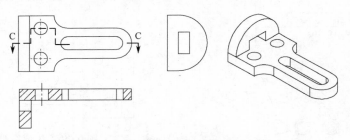

图 6-91 添加正等测视图的基本视图

（12）添加轴测图上的全剖/阶梯剖。选择菜单命令【插入】→【视图】→【轴测剖视图】，弹出【轴测图中的全剖/阶梯剖】对话框，选择正等测视图作为要剖切的父视图，系统提示选择箭头矢量方向，指定 +YC 方向为箭头矢量方向，剖切图方位设置为【采用父视图方位】，单击【应用】，系统提示定义剖切方向矢量，指定 +ZC 方向为箭头矢量方向，如图 6-92 所示。单击【应用】，弹出【剖切线创建】对话框，系统提示定义剖切位置，按图 6-93 所示选择右边的圆弧圆心。

（13）单击【确定】，移动光标确定剖视图放置在合适的位置，单击鼠标左键，生成轴测图上的全剖视图，如图 6-94 所示。

（14）选中图中右边的剖切线，单击鼠标右键，弹出下拉菜单，选择样式选项，弹出剖切线样式对话框，将【显示】选项置为不显示，关闭【显示标签】，单击【确定】，结果如

图 6-95 所示。

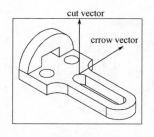

图 6-92　定义箭头与剖切方向矢量

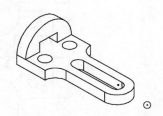

图 6-93　选择剖切位置

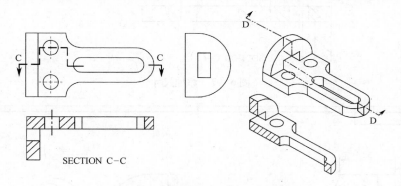

SECTION C-C

图 6-94　生成轴测图上的全剖视图

　（15）添加中心线。选择【插入】→【符号】→【实用符号】或在制图注释工具条中单击【实用符号】图标，弹出实用符号对话框，按图 6-96 所示添加中心线。

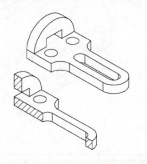

图 6-95　关闭剖切线和标签显示

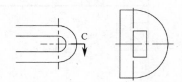

图 6-96　添加中心线

　（16）利用 UG 尺寸标注功能，按图 6-97 所示添加部分尺寸。

　（17）添加图框。选择【文件】→【导入】→【部件】，弹出设置参数的【导入部件】对话框，单击【确定】，弹出用于选择所导入部件的【导入部件】对话框，选择部件 A3. prt，单击【OK】，弹出【点选择器】对话框，单击【确定】，将 A3 图框加入到视图中，如图 6-98 所示。

　（18）添加符号。选择菜单命令【插入】→【符号】→【定制符号】或单击制图注释工具条中的图标，弹出【定制符号】对话框，选择第一角投影符号，弹出第一角投影对话框，输入合适的比例值和角度大小，单击【创建无指引线的注释】图标，在图形区指定一个符号的放置位置，将第一角投影符号添加进图纸，用同样的操作步骤，将表面粗糙度符号添加进图纸，如图 6-99 所示。

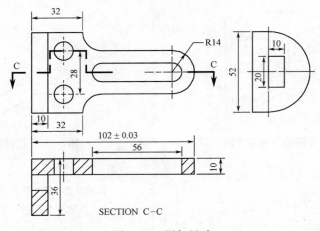

图 6-97 添加尺寸

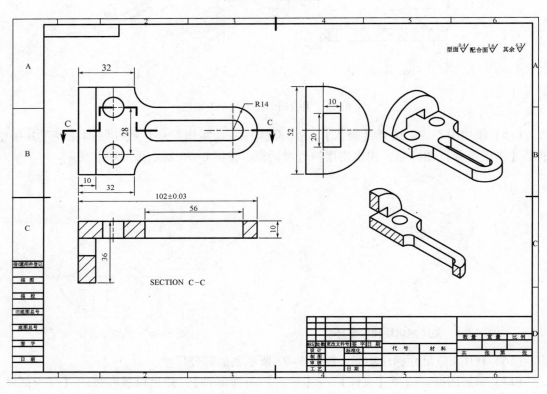

图 6-98 添加图框

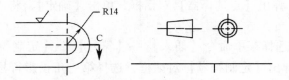

图 6-99 添加第一角投影与表面粗糙度符号

（19）添加注释。选择菜单命令【插入】→【文本】或在制图注释工具条中单击【文本】图标Ａ，弹出文本输入框和注释放置工具条，同时弹出注释悬浮工具条。在文本输入框内输入文本3.2，将文本放置在表面粗糙度符号上面，如图6-100所示。删除文本，单击【注释编辑器】图标Ａ，按图6-101所示进行设置字体、文字大小等，选择合适位置将文本添加到图纸中，如图6-101所示。

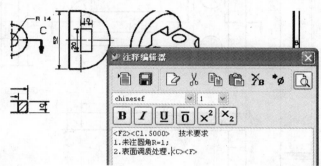

图6-100　添加表面粗糙度数值　　　　　　图6-101　添加技术要求

（20）添加基准符号。选择菜单命令【插入】→【文本】或单击【文本】图标Ａ，弹出文本输入框。在文本输入框内输入文本A，单击注释放置工具条上指导线工具图标，弹出【创建指引线】对话框，将【指引线类型】设置为，在图中要添加基准符号的位置单击鼠标左键，创建一个基准符号，如图6-102所示。

（21）添加形位公差。选择菜单命令【插入】→【特征控制框】或单击【特征控制框】图标，弹出【特征控制框】对话框，同时弹出注释放置工具条，还同时弹出注释悬浮工具条，按图6-102所示输入形位公差参数，按住鼠标左键选择垂直尺寸10的上面箭头，并拖动到适当位置松开，完成添加形位公差，如图6-103所示。

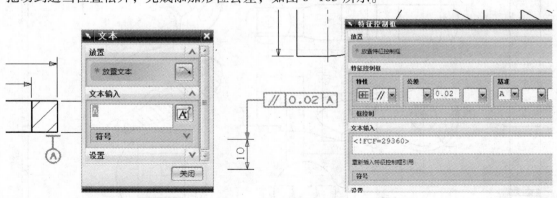

图6-102　添加基准符号　　　　　　图6-103　添加形位公差

最终结果如图6-104所示。

本 章 练 习

按图6-105所示要求完成工程图（包括中心线、剖视图、正交图、尺寸、技术要求、形位公差以及图框等）。练习文件 drf_2. prt。

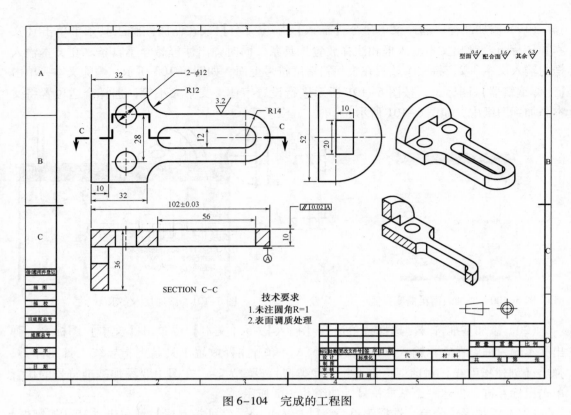

图 6-104 完成的工程图

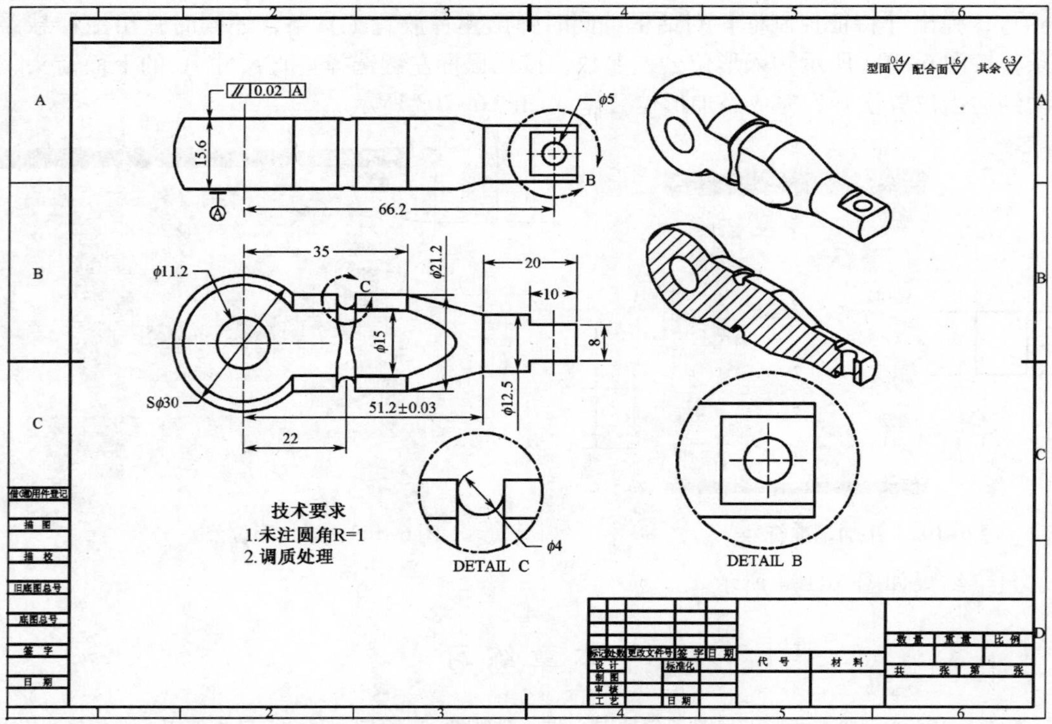

图 6-105 工程图制作练习 1

按图 6-106 所示要求完成工程图（包括中心线、阶梯剖、正交图、尺寸、技术要求、形位公差以及图框等）。练习文件 drf_3. prt。

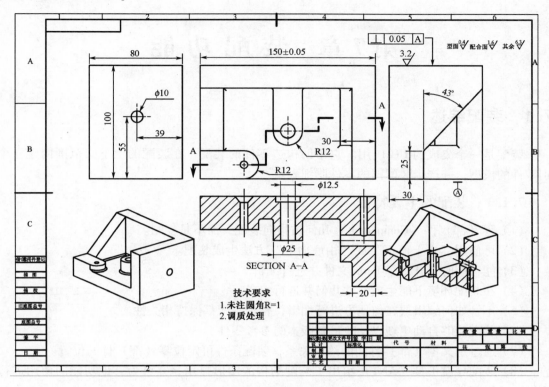

SECTION A–A

技术要求
1.未注圆角R=1
2.调质处理

图 6-106　工程图制作练习 2

第7章 装配功能

7.1 装配综述

装配是一个集成的 UG 应用。它帮助构造零件的装配，在装配的上下文范围内建立个别零件的模型，并产生装配图的零件明细表。

7.1.1 装配的主要特征

（1）零（部）件（Component）几何被指向装配，而不是复制。

（2）可使用"自上而下"或"由底向上"方法生成装配。

（3）能够同时打开多个 Parts 文件并进行编辑。

（4）在装配环境下能生成部件几何并进行编辑。

（5）不管如何编辑或在何地方进行编辑，整个装配都保持相关性。

（6）装配能够自动更新以反映最新版本的参考零件。

（7）通过定义零（部）件间的约束关系，装配条件可定位零（部）件的位置。

（8）装配导航工具（ANT）给出了装配结构的图形显示，并可为其他功能的使用进行选择和操作部件。

（9）在别的应用模块特别是制图（Drafting）和加工（Manufacturing）能使用装配功能。

7.1.2 装配工具条与菜单

【装配】工具条如图7-1所示。装配下拉菜单如图7-2所示。

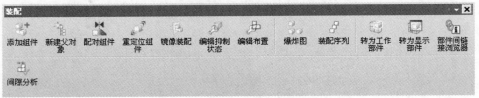

图7-1 【装配】工具条

图7-2 装配下拉菜单

7.2 装配导航器

装配导航器（ANT）在资源条窗口中显示部件的装配结构，并提供一种操纵在装配中组件的快速与方便的方法。

【装配导航器】　如图7-3所示。

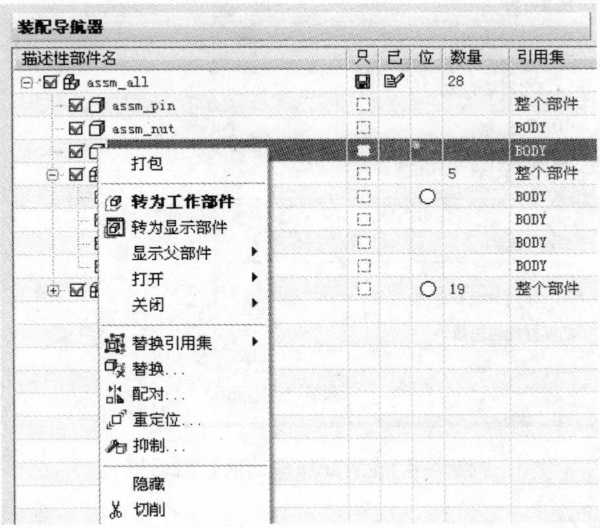

图7-3　【装配导航器】

在装配导航器中将装配结构显示为一种树图，每一个组件显示为在装配树结构中的一个节点。

将光标放置在树中的一个节点，单击鼠标右键，出现如图7-3所示的弹出式菜单。

7.3 加载选项

当选择【文件】→【打开】…打开一装配时，系统必须寻找和装载由装配件引用的组件部件。加载选项（Load Options）规定系统从何处和怎样装载部件文件。

选择【文件】→【选项】→【装配加载选项】…，出现如图7-4所示的【装配加载选项】对话框。

各选项含义如下：

● 【部件版本】　可以从以下3个位置加载部件：

●● 【按照保存的】从零件原来存储的位置装载部件。

●● 【从文件夹】从装配文件所在的目录中装载部件，适用于零件和装配都在装配文件所在的目录下。

●● 【从搜索文件夹】　从指定目录装载部件，适用于零件放在不同目录下和不同计算机中的装配，这些目录的搜索顺序由【新建目录】指定，以便系统能迅速找到所需零件。

● 【范围】　载入组件从结构上控制一个装配树上的部件怎样装入。

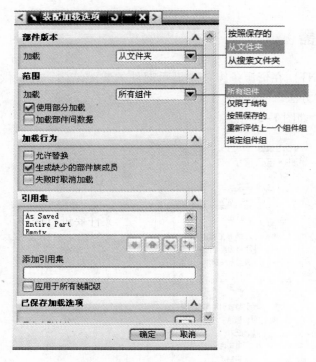

图 7-4 【装配加载选项】对话框

【加载】主要选项有：

·【所有组件】 装配树中部件全部载入。

·【仅限于结构】 装配树中不装入部件。

下面的两个选项与【加载】选项配合使用。

·【使用部分加载】 关闭此项，当打开装配时，部件与装配件一起全装载（由【加载】选项确定）。

·【加载部件间数据】 加载与部件相配或包含的表达式，以及 WAVE 数据。

·【加载行为】

·【允许替换】 当零件文件名相同但内部标识不同时，控制可否用其他版本同名部件或在其他目录下的同名部件装载。如果此项为"√"，则允许替换，否则不允许替换。

·【生成缺少的部件族成员】 与装配首选项中的【生成缺少的部件族成员】选项下的【检查模板部件的较新的版本】相互匹配使用，如果两项均被选择，则 NX 在装载时检查缺少的部件族成员的版本，如果发现有较新版本，就用新版本生成缺少的部件族成员，如果【生成缺少的部件族成员】选项开启，而【检查模板部件的较新的版本】关闭，则 NX 用当前部件族样板生成缺少的部件族成员。

·【失败时取消加载】 如找不到要装载的零件时，如果此项为"√"，则停止载入；否则继续。

·【引用集】 定义加载装配时的引用集搜寻顺序，可以用按钮控制列表中的引用集内容及顺序。

·【添加引用集】 用于定义加入到【引用集】列表中的引用集，首先在【添加引用集】框定义一个引用集，然后单击【添加】按钮，将其加入列表中。

•• 【应用于所有装配级】　用于定义引用集的搜寻规则是否应用于所有装配级。

7.4　保存与关闭文件

• 只保存工作部件　选择菜单命令【文件】→【仅保存工作部件】，每次工作零件操作后应进行保存，以防止修改信息丢失。

• 保存装配体所有部件　选择菜单命令【文件】→【全部保存】，将整个装配树上的所有部件存储。

• 关闭所选的部件　选择菜单命令【文件】→【关闭】→【选定的部件】，从内存卸载一个部件的全部信息。在关闭文件之前，修改过的文件要进行保存。

7.5　从底向上设计方法

7.5.1　综述

装配建模过程是建立组件装配关系的过程。对数据库中已存的系列产品零件、标准件及外购件可通过从底向上的设计方法加入到装配文件中来。

选择【起始】→【装配】进入装配模块，然后选择下拉菜单【装配】→【组件】，出现如图 7-5 所示的组件级联菜单。

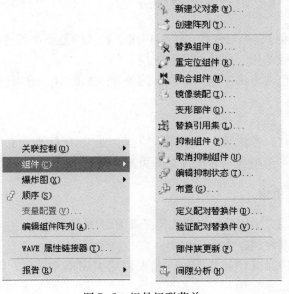

图 7-5　组件级联菜单

添加现有的组件选项利用从底向上设计方法，加一部件到工作部件作为一组件。这个部件可以是一个已存部件或一个部件家族成员。

基本操作步骤如下：

（1）选择组件部件，如图7-6所示。

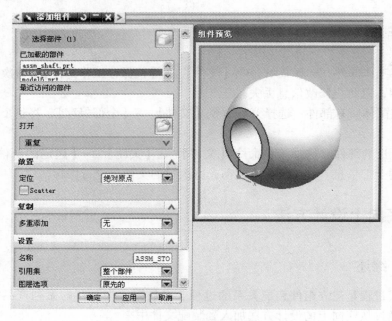

图7-6 添加现有的组件

（2）选择已打开的部件，或选择【选择部件】加入文件名，或利用光标选择一显示部件。

（3）为组件选择一名字。默认为部件文件名。一个部件可被多个装配部件引用，可分别取得不同的组件名。

（4）选择【引用集】，为组件规定一引用集。默认的是整个部件。

（5）选择组件放置的层。默认的是原先层。

（6）选择组件定位的方法：绝对原点、选择原点、配对、重定位。

7.5.2 引用集

在组件部件建模时，考虑装配的应用，应按企业CAD标准建立必须的引用集，如实体（solid）。引用集不仅可清晰显示装配件，并可减少装配部件文件的大小。

1．建立和编辑引用集

选择【格式】→【引用集】，出现如图7-7所示对话框。

系统默认为每个部件建立2个引用集：空、整个部件。

创建新引用集：选择【创建】图标，出现创建引用集对话框，输入引用集名称，选择属于该引用集的对象。

2．使用引用集

在【添加组件】对话框中，在设置区段选择引用集类型，如图7-8所示，该引用集将应用于装配件中该组件。

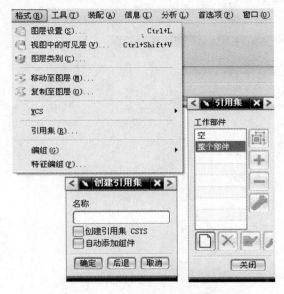

图 7-7 【引用集】对话框　　　　　　　图 7-8　添加组件对话框【设置】区段

3. 代替引用集

选择【装配】→【组件】→【替换引用集】，选择相应组件，出现如图 7-9 所示【类选择】对话框和【替换引用集】对话框，或在【装配导航器】中将光标放在相应组件节点上，单击鼠标右键，出现弹出式菜单，选择【替换引用集】，如图 7-10 所示。

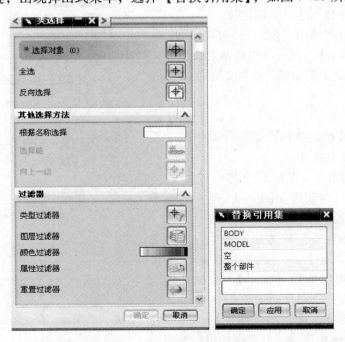

图 7-9 【类选择】对话框和【替换引用集】对话框

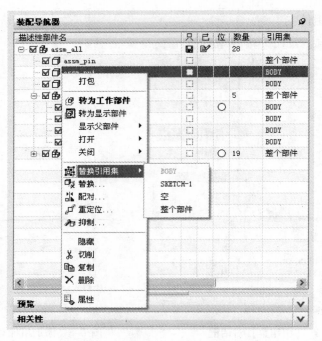

图 7-10 在【装配导航器】上替换引用集

7.5.3 定位组件

为了在装配件中建立组件间相关参数化的位置关系，在从底向上设计方法中，定位组件的正确方法是：

- 第一个组件利用绝对坐标定位。
- 后续加入的组件用"配对"定位。
- •【绝对坐标系】 利用点构造器安放组件。
- •【配对】 规定配对条件去固定组件位置。

1. 配对条件

配对条件通过规定在两个组件间的约束关系来定位组件在一个装配中。

配对条件 = Σ 配对约束

【配对条件】 对话框如图 7-11 所示。有下列两种方式建立配对条件：

（1）当用添加现有组件方法添加组件时，选择【装配】→【组件】→【添加现有的组件】，然后从定位方法选项选择【配对】。被加部件成为被配对的组件。

（2）通过选择【装配】→【组件】→【贴合组件】，并从装配件中选择一已存组件进行配对。

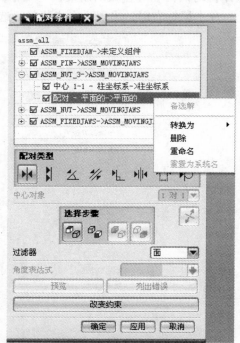

图 7-11 【配对条件】对话框及条件树

① 配对条件树。在【配对条件】对话框的顶部是配对条件树，如图7-11所示。配对条件树是在工作部件内配对条件和约束的一种图形显示。通过弹出菜单，提供建立或修改配对条件和约束的选项。

② 配对约束类型。配对约束类型如图7-12所示，约束类型描述见表7-1。

图7-12 【配对类型】

表7-1 配对约束类型描述

类 型	描 述
配对	定位两个相同类型的对象是贴合的。对平面对象它们的法矢指向相反方向
对齐	对平面对象，它定位两个对象，结果它们是共面和相邻。对轴对称的对象，它对准轴
角度	定义在两个对象间一个角度尺寸
平行	定义两个对象的方向矢量为彼此平行
垂直	定义两个对象的方向矢量为彼此正交
中心	对中一个对象到另一个对象的中心，或对中一个或两个对象在一对对象间
距离	规定在两个对象间的最小三维距离。通过利用正或负值，可以控制求解应是曲面的哪一侧偏置
相切	定义两个对象相切

③ 选择步骤与过滤器。如图7-13所示，选择步骤帮助一配对约束选择几何体类型。选择步骤每个选项描述如表7-2所列。它们之中的两个："第二源"和"第二目标"仅仅对某些配对约束类型有效。

图7-13 配对约束选择步骤

表7-2 选择步骤选项

从	当激活"从"时，从到被配对的组件为配对约束选择几何体
到	当激活"到"时，从装配件或从到（To）组件为配对约束选择几何体
第二源	当激活"第二个来自于"时，从被配对的组件为配对约束选择几何体。除非已经选择对中约束类型，加上从对中对象选项菜单选择2至1或2至2。这一选择步是灰色的

🖱️第二目标	当激活"第二个到"时，从装配件或从到（To）组件为配对约束选择附加的几何体。除非已经做了下列选择之一，这一选择步是灰色的，对中配对约束类型，加上1至2或2至2对中对象选项

④ 改变约束。改变约束重定位一个组件或动态地编辑一尺寸约束。选择改变约束，出现如图7-14所示【改变约束】对话框。

2. 配对约束类型图例

图7-15～图7-18分别显示出【配对】、【对齐】、【角度】和【距离】配对约束类型的实例。

3. 配对提示与技巧

图7-14 【改变约束】对话框

• 选择的第1个对象必须是被配对的组件。选择的第2个对象是基准组件或装配几何体。被配对的组件相对于基础件定位在规定的约束位置中，基础组件不移动。

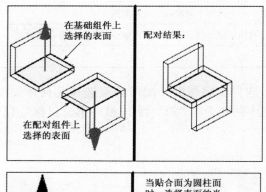

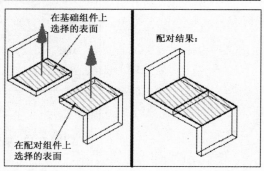

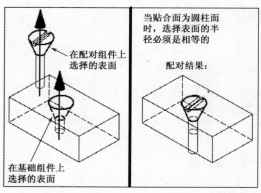

图7-15 【配对】约束类型　　　　　图7-16 【对齐】约束类型

• 如果组件是由线框几何体组成，可以选择配对坐标系。当配对坐标系时，组件被充分约束，在两个被配对的组件间的关系是相关的。利用绝对坐标系定位基础组件以确保装配件存在于正确的坐标系中。

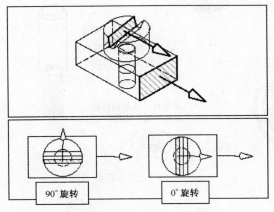

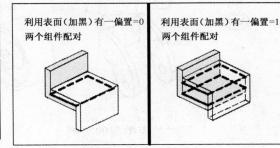

图 7-17 【角度】约束类型   图 7-18 【距离】约束类型

- 不能建立配对条件循环链。即配对组件 A→组件 B→组件 C→组件 A。
- 允许装配组件不被充分约束。即保留自由度箭头。
- 利用【配对条件】对话框上的预览选项可以了解当前定义的配对约束将如何定位。
- 当一个新的约束不能求解时，【配对条件】对话框上的列出错误成为有效，选择这个选项显示不能求解的错误原因。

7.5.4 案例——在装配中配对组件

在本案例中，指定配对约束到已加到一装配中的组件。

设计意图：轴应该是基础组件，如果它移动，其他组件将跟随移动。垫片、轮轴、叉架和轮子应绕它们的轴自由旋转。

第 1 步：从目录 caster 中，打开 wav_caster_assm.prt 部件文件，如图 7-19 所示。

第 2 步：对准和贴合垫片到轴。

（1）选择【装配】→【组件】→【贴合组件】。

（2）选择配对类型为【中心】 ⑭⑭ 。

（3）将【对象居中】选项设置到 1 至 1，选择过滤器选项设置到"面"。

（4）按图 7-20 所示次序选择表面，结果如图 7-21 所示。

（5）选择【预览】，检验约束结果。

（6）选择【配对】约束 ⑭⑭ ，改变配对类型到配对。

（7）按图 7-22 所示次序选择表面。

现在仅有一个指示器保留，指示垫片将在轴上旋转。基于设计意图这是可以接受的。

（10）选择【预览】检验新的约束，如图 7-23 所示。

（11）单击【应用】按钮，接受约束。

第 3 步：对准轮子和叉架。

（1）选择配对类型为【中心】 ⑭⑭ 。

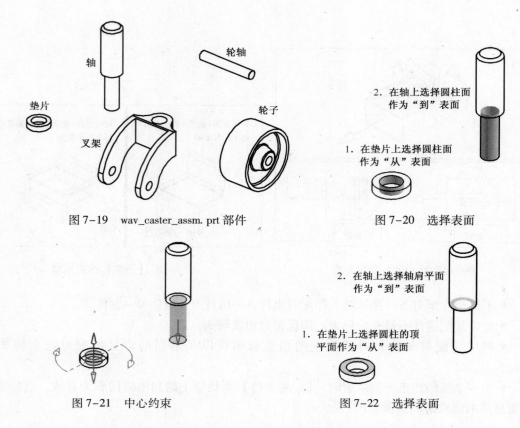

图 7-19 wav_caster_assm. prt 部件

图 7-20 选择表面

图 7-21 中心约束

图 7-22 选择表面

（2）【对象居中】选项设置到 1 至 1，选择过滤器选项设置到"面"。

（3）按图 7-24 所示次序选择表面。

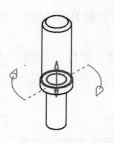

图 7-23 中心加配对约束装配效果

图 7-24 选择表面

（4）选择【预览】检验新约束，如图 7-25 所示。

（5）改变【对象居中】选项到 2 至 2。现在 4 个选择步骤被激活，依次选择 4 个表面，按如图 7-26 所示次序选择表面。

（6）选择【预览】检验新约束。

（7）单击【应用】按钮，接受约束，如图 7-27 所示。

第 4 步：对准轮轴到叉架。

（1）选择配对类型为【中心】，【对象居中】选项设置到 2 至 2。

（2）按图 7-28 所示次序选择表面。

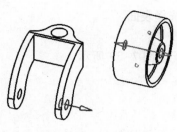

1. 选择轮子侧面
作为"从"表面

2. 选择叉架侧面
作为"到"表面

3. 选择轮子侧面作为
"第二源"表面

4. 选择叉架侧面作为
"第二目标"表面

图 7-25 中心约束　　　　　　　　图 7-26 中心约束

2. 选择叉架侧面
作为"到"表面

4. 选择叉架侧面作为
"第二目标"表面

1. 选择轮轴侧面
作为"从"表面

3. 选择轮轴侧面作为
"第二源"表面

图 7-27 轮子和叉架装配结果　　　　图 7-28 选择表面

（3）选择【预览】检验新约束。

（4）单击【应用】按钮，接受约束。

（5）改变【对象居中】选项到 1 至 1。

（6）按图 7-29 所示次序选择表面。

（7）选择【预览】检验新约束。

（8）单击【应用】按钮，接受约束，结果如图 7-30 所示。

2. 选择叉架孔面
作为"到"表面

1. 选择轮轴圆柱面
作为"从"表面

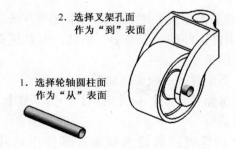

图 7-29 选择表面　　　　　　　图 7-30 二次中心约束

第 5 步：对准叉架到轴。

（1）配对类型仍为【中心】 ，【对象居中】选项设置到 1 至 1。

（2）按图 7-31 所示次序选择表面。

（3）选择【预览】检验新约束。

（4）单击【应用】按钮，接受约束。

（5）改变配对类型到【配对】，按图 7-32 所示次序选择表面。

（6）选择【预览】检验新约束。

（7）单击【应用】按钮，接受约束。配对完成的装配如图 7-33 所示。

（8）单击【取消】按钮，取消【配对条件】对话框。

第 6 步：重定位组件测试配对条件性。

（1）选择【装配】→【组件】→【重定位组件】。

（2）选择 caster_shaft 部件，单击鼠标中键完成选择。移动或旋转 caster_shaft 部件，其它部件也随之移动。

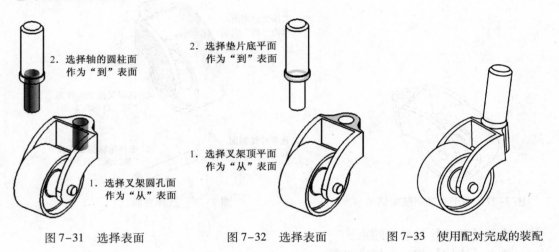

图 7-31　选择表面　　　　图 7-32　选择表面　　　　图 7-33　使用配对完成的装配

7.6　自顶向下设计方法

1．创建新的组件

创建新的组件，利用一种自顶向下的设计方法去建立一个装配。利用这种方法，可以在装配的上下文中设计一个组件，在那里设计组件部件的一般外形。因此，需要建立装配件与组件的关系。

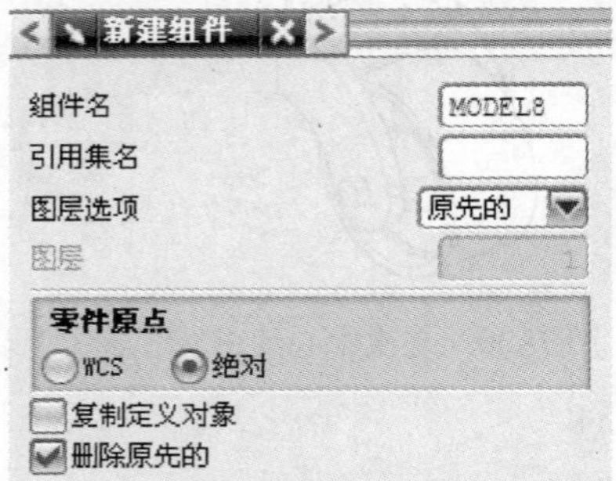

创建新组件的一般步骤如下：

（1）选择【装配】→【组件】→【新建】，弹出类选择对话框。

（2）选择将要被转入新组件部件中的几何体（可选项），单击【确定】，弹出选择文件名对话框。

（3）为组件部件规定一文件名。

（4）弹出创建新的组件对话框。为组件加入一个名字，默认为组件部件文件名（可选项）。图 7-34 所示。

图 7-34　【创建新的组件】对话框

（5）为引用集输入一个名字。

（6）指定组件几何体将放到工作部件的哪一层。

（7）指明组件原点是否与装配的 WCS 或绝对坐标系对准。

（8）利用图 7-34 中【复制定义对象】选项指明是否将要选择的几何体的定义对象复制到新组件中。

（9）利用图 7-34 中【删除原先的】选项，指明是否将要从装配件中删除原来的几何体。

（10）此时，并未建立永久的磁盘系统文件，必须选择使用【文件】→【保存】，建立一永久文件。

2. 关联控制

当显示部件为装配件，而工作部件为一组件时，可以在装配的上下文中建立和编辑组件几何体。

为了改变工作部件，可以：

（1）在【装配导航器】窗口中，在相应组件节点上单击鼠标右键，在弹出菜单中选择【设为工作部件】，如图 7-35 所示。

（2）选择【装配】→【关联控制】→【设置工作部件】，如图 7-36 所示。

图 7-35　选择转为工作部件选项

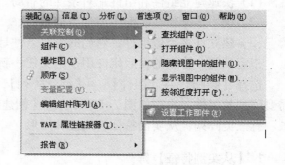

图 7-36　设置工作部件

为了改变显示部件，可以：

（1）在【装配导航器】窗口中，在相应组件节点上单击鼠标右键，在弹出菜单中选择【设为显示部件】，如图 7-37 所示。

（2）在窗口下拉式菜单上改变显示部件，如图 7-38 所示。

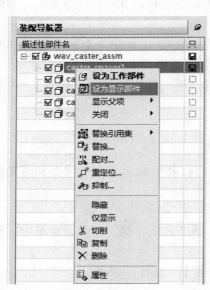

图 7-37　设为显示部件　　　　　　图 7-38　改变显示部件

7.7　创建组件阵列

利用建立阵列选项在装配件中建立与编辑一相关的组件阵列。

利用创建组件阵列功能，可以：

（1）快速建立组件和组件配对条件的布局。

（2）用一步操作在装配中添加类似组件。

（3）建立许多类似组件，它们的配对条件是相同的。

指定到每个阵列的模版组件用于定义任一新加组件的特性：颜色、层与名。

选择【装配】→【组件】→【创建阵列】，或从装配工具条上选择阵列图标 。选择需要阵列的组件，出现如图 7-39 所示的【创建组件阵列】对话框。

有三类阵列：从实例特征、线性和圆形。

1.【从实例特征】阵列

基于实例特征建立组件阵列。在引用集中的每一个特征有一个组件，组件自动地配对到相应的表面。

当建立特征引用集阵列时，必须通过配对条件定位第一个组件（模版组件）。任何新加组件共享模版属性。

图 7-39　【创建组件阵列】对话框

【从实例特征】　阵列主要用于加螺钉、垫片到已存实例特征中。基本操作步骤如下：

（1）在装配件中，配对加入第一个模版组件到另一组件的特征引用集中。

（2）选择【装配】→【组件】→【创建组件阵列】。

（3）选择要阵列的组件。

（4）从【创建组件阵列】对话框中选择【从实例特征】。

（5）单击【确定】按钮，建立阵列。

2. 线性阵列

主组件线性阵列用于建立正交或非正交的主组件阵列。可以定义一维或二维主组件阵列。其基本操作步骤如下：

（1）在装配件中，配对加入第一个模版组件到另一组件。

（2）选择【装配】→【组件】→【创建阵列】。

（3）选择希望阵列的组件。

（4）从【创建组件阵列】对话框中选择【线性】阵列，如图 7-40 所示。

（5）选择一个 X 方向参考。

（6）选择一个 Y 方向参考。

（7）加入阵列数与偏置值。

（8）单击【确定】按钮，建立阵列。

3. 圆形阵列

主组件圆形阵列用于从一模版组件建立一圆形的主组件阵列。其基本操作步骤如下：

（1）在装配件中，配对加入第一个模版组件到另一组件。

(2) 选择【装配】→【组件】→【创建阵列】。

(3) 选择要阵列的组件。

(4) 从【创建组件阵列】对话框中选择【圆形】阵列，如图 7-41 所示。

(5) 选择轴定义，选择旋转轴。

(6) 输入阵列总数与角度值。

(7) 单击【确定】按钮，建立阵列。

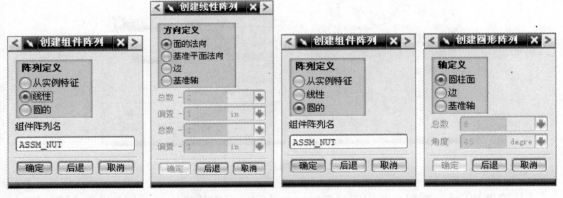

图 7-40　线性阵列对话框　　　　　　图 7-41　圆形阵列对话框

7.8　镜像装配

镜像装配向导

对于对称结构的产品用户只需要建立产品一侧的装配，然后用镜像装配向导提供的功能从该侧建立一镜像版本。装配相对于一平面被镜像。当定义镜像装配时可以利用一已存平面或建立一新平面。用户可以从被镜像的装配规定被排除的组件，也可以重定位组件同它们在被镜像的装配中表现一不同的位置。

为了进入镜像装配向导，如图7-42所示，选择【装配】→【组件】→【镜像装配】，或从装配工具条中选择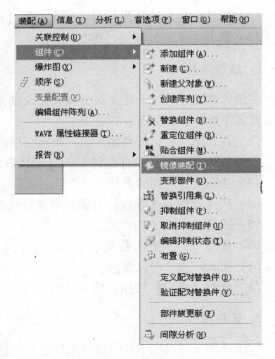

镜像装配向导如图7-43所示。

图 7-43 中（a）～（e）每页的功能描述如表7-3所述。

图 7-42　镜像装配菜单

图 7-43 【镜像装配向导】

表 7-3 镜像装配

步　骤	描　述
欢迎（Welcome）	介绍镜像装配向导
选择组件（Select Components）	选择要镜像的组件
选择平面（Select Plane）	选择或建立平面，装配将绕它镜像
镜像设置（Mirror Setup）	定义哪些组件可被用作重定位，哪些组件需要被镜像以建立它们的相反侧版本，哪些组件应该从被镜像的装配中排除，完成本步并单击下一步按钮，建立镜像装配。其余步按需要修正工作和定义名字
镜像复审（Mirror Review）	修正在前几步中定义的任一默认动作

7.9　装配爆炸视图

在爆炸视图中，指定的零件或子装配从它们的真实（模型）位置移动到新位置。

1. 建立爆炸视图

选择【装配】→【爆炸图】，或从装配工具条选择🦋，如图 7-44 所示。

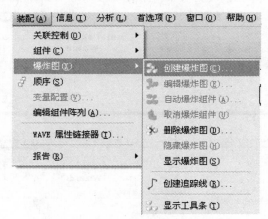

图 7-44　装配视图级联菜单

也可以利用爆炸视图工具条选择爆炸视图级联菜单上的选项。选择级联菜单上的显示工具条选项，出现如图 7-45 所示的【爆炸图】工具条。

图 7-45　【爆炸图】工具条

建立一个新的爆炸视图，然后编辑它的参数，产生所要的爆炸视图。如果该视图已经有了一个爆炸视图，可以利用已有的爆炸视图作为一起始位置建立一个新的爆炸视图。这对于定义一系列的爆炸视图去显示一正被移动的组件是有用的。

（1）建立一个爆炸视图 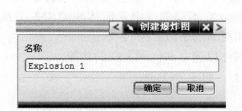。

（2）输入一个新的爆炸视图名或接受默认名，如图7-46所示。

（3）单击【确定】按钮，建立一个新的爆炸视图。

重复的爆炸视图名是不允许的。默认是用 Exploded 附加在后面的视图名。如 TFR - TRI EXPLODED 是在 TFR - TRI 视图中的爆炸视图。如果系统检测到一个重复的爆炸视图名，则附加数字（2）等，或输入一个新的唯一爆炸视图名或接受默认名。

2. 编辑爆炸视图

建立或编辑一个组件在一爆炸视图中被爆炸的位移量。

为了爆炸一已存爆炸图，可按如下步骤操作：

（1）选择【编辑爆炸图】 ，出现如图7-47所示的【编辑爆炸图】对话框。

图7-46 【创建爆炸图】对话框　　　　　　图7-47 【编辑爆炸图】对话框

（2）选中【选择对象】，选择要爆炸的组件（一个或多个），单击【应用】按钮。

（3）选中【移动对象】，移动动态操纵手柄，即可移动选择的组件，如图7-48所示。

（4）选中【选择对象】，去除已移动组件选择（按下 Shift + 鼠标左键），选择要移动的新组件。

（5）选中【移动对象】，移动动态操纵手柄，移动选择的组件。

（6）重复步骤（1）、（2），直到满足要求，如图7-49所示。

（7）单击【确定】或【应用】按钮。

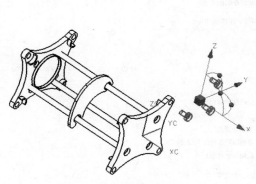
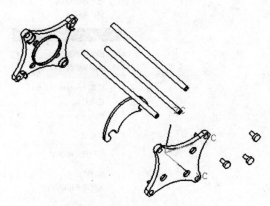

图7-48 动态移动组件　　　　　　图7-49 完成的爆炸视图

（8）如有必要可另存储该爆炸视图，以备以后可直接读入到二维工程图中。选择【视图】→【操作】→【另存为】"TFR - ISO _EXPLODED"。

3. 自动爆炸组件

图 7-50　【爆炸距离】对话框

通过指定一爆炸偏置量，组件沿一基于组件配对条件的法矢，自动地建立一个爆炸视图。选择自动爆炸组件，选择要爆炸的组件，出现如图 7-50 所示的【爆炸距离】对话框。

- 【距离】　为被爆炸的组件定义偏置距离。
- 【添加间隙】　自动添加一偏置间隙。

7.10　WAVE 几何链接器

UG/WAVE 是一种能实现相关部件间关联建模的技术。
因而可以基于另一个部件的几何体和/或位置去设计一个部件。参数化建模允许建立单一零件内相关的关系，WAVE 允许扩展这种概念去建立在不同部件中几何体间的相关关系。它也提供了解、管理和控制这些关系和触发部件间更新的手段。

WAVE 的基础是通过建立相关的部件间几何体以建立部件间关联的功能。

所有 WAVE 功能选项出现在装配下拉菜单上，如图 7-51 所示。

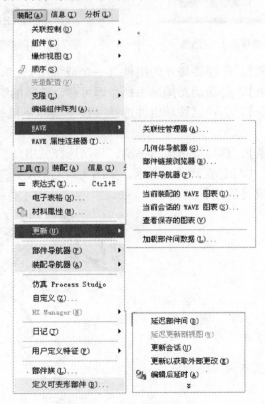

图 7-51　WAVE 选项

7.10.1　WAVE 几何链接器

WAVE 提供的基本功能是：

（1）在一个装配件内，从一个部件相关复制几何体到另一个部件的能力。

（2）在某些部件或所有部件中延迟链接几何体的更新。

（3）查询和了解横跨部件的关系的能力。

1. WAVE 几何链接器

WAVE 几何链接器的菜单如图7-52所示。

另外，如果需要建立相关的几何链接需要在【文件】→【实用工具】→【用户默认设置】，打开如图7-53所示开关。

利用 WAVE 几何链接器（WAVE Geometry Linker）在工作部件中建立相关或不相关的几何体。如果建立相关的几何体，它必须被链接到在同一装配中的其他部件。链接的几何体相关到它的父几何体，改变父几何体引起在所有其他部件中链接的几何体自动更新。对话框如图7-54所示。

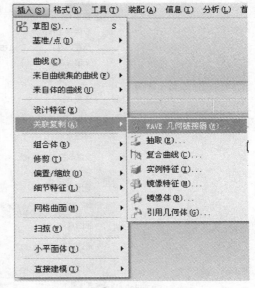

图7-52　WAVE 几何链接器菜单

2. 链接的几何类型描述

链接的几何类型描述如表7-4所列。

表7-4　链接的几何体类型

选　　项	功　　能
复合曲线	从装配件中另一部件链接一曲线或边缘到工作部件
点	链接在装配中另一部件中建立的点或直线到工作部件
基准	从装配件中另一部件链接一基准到工作部件
草图	从装配件中另一部件链接一草图到工作部件
面	从装配件中另一部件链接一表面到工作部件
面区域	在同一装配件中的部件间链接面区域到工作部件
体	链接整个几何体到工作部件
镜像体	类似体，除去为链接选择的体通过一已存平面被镜像
管路对象	将管路对象链接进工作部件内

3. 使用 WAVE 几何链接器

WAVE 几何链接器建立的步骤如下：

（1）确使父几何体被显示，并且使含有新的链接几何体的部件为工作部件，改变到要求的工作层。

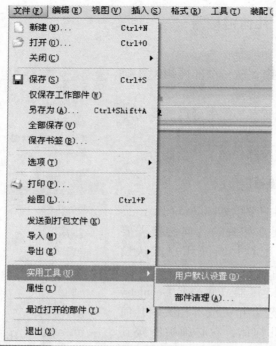

图 7-53　WAVE 几何链接器开关

图 7-54　【WAVE 几何链接器】对话框

（2）选择【插入】→【关联复制】→【WAVE 几何链接器】。

（3）选择要链接的几何体类型，如果需要选择任一几何体过滤器。

（4）根据要求，确定【关联】的"开"与"关"。根据需要，【固定于当前时间戳记】设置为"开"或"关"。

（5）单击【确定】按钮。

7.10.2　编辑链接

为了编辑一个链接特征，先选中该链接特征，右键弹出快捷菜单，选择【编辑参数】，显示【WAVE 几何链接器】对话框，如图 7-55 所示。

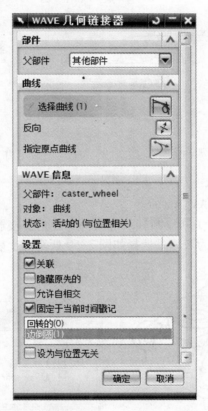

图 7-55　【WAVE 几何链接器】对话框

7.10.3　案例——WAVE 几何链接

在本案例中，利用如图 7-56 所示的已存部件：阀体，相关联地创建一个垫片零件。

第 1 步　建立新部件，命名为 WAV_assm.prt，单位为英寸。

第 2 步　加入阀体部件。

（1）选择【开始】→【装配】。

（2）选择【装配】→【组件】→【添加组件】。

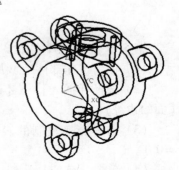

图 7-56　housing.prt 部件

（3）打开 housing. prt；改变引用集类型到【模型】；选择定位方法为【选择原点】，工作层为 1，单击【确定】按钮。

（4）选择原点 XC = 0，YC = 0，ZC = 0，单击【确定】按钮，结果如图 7-57 所示。

第 3 步 建立垫片。

（1）改变工作层为 2。

（2）选择【装配】→【组件】→【新建】命令。

（3）单击【确定】按钮，跳过分类选择对话框。

（4）加入新组件部件名 WAV_ spacer. prt，单位为英寸，单击【确定】按钮，建立垫片新组件，【装配导航器】窗口如图 7-58 所示。

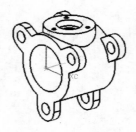 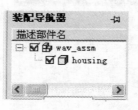

图 7-57 加入阀体

图 7-58 【装配导航器】窗口

第 4 步 建立链接几何体。

（1）改变工作部件为 WAV_spacer。

（2）选择【插入】→【关联复制】→【WAVE 几何链接器】。

（3）选择链接几何类型为表面。选择如图 7-59 所示的上表面，单击【确定】按钮，建立链接表面。

图 7-59 链接复制阀体表面到垫片

第 5 步 建立垫片实体。

（1）保留工作部件为 WAV_spacer。

（2）选择【插入】→【设计特征】→【拉伸】命令，选择条的曲线规则选项设置为【面的边缘】。

（3）选择链接复制的表面。选择方向与距离，加入拉伸参数，起始值 = 0，结束值 = 0.1。

（4）单击【确定】按钮，建立垫片，如图 7-60 所示。

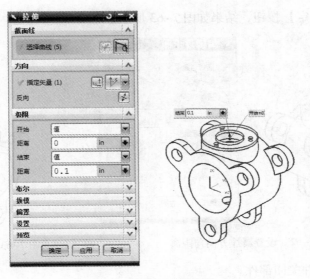

图 7-60　建立垫片实体

第 6 步　测试相关性。

（1）改变工作部件到阀体：housing. prt。

（2）选择【编辑】→【特征】→【编辑参数】命令。

（3）选择实例 d（13）/简单孔（13），单击【确定】按钮，选择【实例阵列对话框】，如图 7-61 所示。

图 7-61　编辑阵列孔数

（4）改变阵列参数：数字 =6，角度 =360/6。

（5）建立爆炸视图。

（6）选择【装配】→【爆炸视图】→【创建爆炸视图】命令，接受默认名。

（7）选择【装配】→【爆炸视图】→【编辑爆炸视图】命令，选择垫片，选爆炸方向为 +ZC，距离 =2，见图 7-62 所示。

（8）单击【确定】按钮，结果如图 7-63 所示。

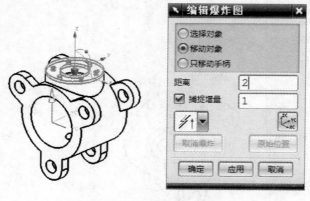

图 7-62　设置爆炸方向与距离

图 7-63　相关更新结果

第 7 步　存储并关闭部件。

本 章 练 习

打开 clamp_assm. prt，如图 7-64 所示，按图 7-65 所示完成各组件的装配。

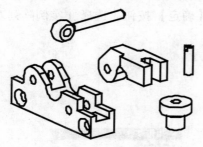

图 7-64　clamp_assm. prt

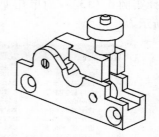

图 7-65　装配要求